高等职业教育扩招系列教材
现代学徒制项目试点教材
高职高专教育教学改革立体化教材建设试点教材

动物微生物与免疫

高月林 主编

中国农业大学出版社
·北京·

内 容 简 介

本教材共分为13个项目和18个实训指导，主要介绍细菌学总论、细菌学各论、病毒学总论、病毒学各论、其他微生物、外界因素对微生物的影响、传染、微生物的变异现象、微生物与饲料、免疫学基础、非特异性免疫、特异性免疫、变态反应、血清学试验、动物生物制品等，涉及18个微生物常用试验技术的实训指导。所有教学内容均以项目的形式进行讲解与介绍。为了巩固所学知识和技能，每个项目后附有课后练习，旨在加深、巩固学员对所学知识的理解以及注重与执业兽医师资格考试的对接。网络资源学员可以通过手机上的学习通软件添加课程同步进行网络在线学习，欢迎同学们一起学习。

图书在版编目(CIP)数据

动物微生物与免疫/高月林主编. —北京：中国农业大学出版社，2020.12

ISBN 978-7-5655-2520-9

Ⅰ.①动… Ⅱ.①高… Ⅲ.①兽医学-微生物学-高等职业教育-教材②兽医学-免疫学-高等职业教育-教材 Ⅳ.①S852

中国版本图书馆CIP数据核字(2021)第013933号

书　　名 动物微生物与免疫

作　　者 高月林　主编

策划编辑 康昊婷　张　玉　　　**责任编辑** 康昊婷

封面设计 郑　川

出版发行 中国农业大学出版社

社　　址 北京市海淀区圆明园西路2号　　　**邮政编码** 100193

电　　话 发行部 010-62733489，1190

编辑部 010-62732617，2618　　　出版部 010-62733440

网　　址 http://www.caupress.cn　　　**E-mail** cbsszs@cau.edu.cn

经　　销 新华书店

印　　刷 北京时代华都印刷有限公司

版　　次 2021年3月第1版　　2021年3月第1次印刷

规　　格 787 mm×1 092 mm　　16开本　　12.5印张　　330千字

定　　价 38.00元

系列教材编审委员会

编审人员

主　　编　高月林　（黑龙江农业职业技术学院）

副 主 编　刘　云　（黑龙江农业职业技术学院）

　　　　　王瑛琪　（黑龙江农业职业技术学院）

　　　　　王　浩　（黑龙江农业职业技术学院）

参　　编　陆江宁　（黑龙江农业职业技术学院）

　　　　　刘洪杰　（黑龙江农业职业技术学院）

　　　　　鲁兆宁　（黑龙江农业职业技术学院）

　　　　　范胜博　（黑龙江佳牧兽医服务有限公司）

　　　　　葛全兴　（佳木斯市农业农村局）

　　　　　郭子君　（抚远市畜牧兽医局）

　　　　　王　箭　（佳木斯市万达家合宠物医院）

　　　　　段龙川　（温州科技职业学院）

　　　　　禹海杰　（嘉兴职业学院）

主　　审　车有权　（黑龙江农业职业技术学院）

　　　　　杨玉平　（黑龙江生物科技职业技术学院）

总 序

黑龙江是农业大省。黑龙江农业职业技术学院是三江平原上唯一一所农业类高职院校，也是与区域社会经济发展联系非常紧密的农业类高职院校，具有服务国家“乡村振兴”战略的地缘优势。在过去70多年的办学历史中，涉农专业办学历史悠久，培养了大批工作在农业战线上的优秀人才。在长期培养实用型人才、服务区域经济发展的实践中，学院形成了“大力发展农业职业教育不动摇、根植三江沃土不动摇和为‘三农’服务不动摇”的办学理念。20世纪90年代初，学院在农业职业教育领域率先实施模块式教学，在全国农业职业教育教学改革中走在前列。学院不断深化改革，努力服务经济社会发展；不断创新办学模式，努力提升人才培养质量。近年来学院先后晋升为省级骨干院校、省级现代学徒制试点院校，在服务区域经济社会方面成效显著。

学院涉农专业是省级重点专业，有国家财政重点支持的实训基地；有黑龙江三江农牧职教集团，校企合作办学成效显著，有实践经验丰富的“双师”队伍，有省级领军人才梯队，师资力量雄厚。

2019年，学院深入贯彻落实教育部等六部门印发的《高职扩招专项工作实施方案》、教育部办公厅《关于做好扩招后高职教育教学管理工作的指导意见》和国务院印发的《国家职业教育改革实施方案》等文件精神，创新性地完成高职扩招任务，招生人数位居全省首位。学院针对扩招学生的实际情况和特点，实施弹性学制，采用灵活多样的教学模式，积极推进“三教”改革。依靠农学分院和动物科技分院的专业优势，根据区域经济发展的特点，针对高职扩招生源的特点，出版了种植类和畜牧类高职扩招系列特色教材。

种植类专业核心课程系列教材包括《植物生长与环境》《配方施肥技术》《作物生产与管理》《经济作物生产与管理》《作物病虫草害防治》《作物病害防治》《农业害虫防治》《农田杂草及防除》共计8种。教材在内容方面，本着深浅适宜、实用够用的原则，突出科学性、实践性和针对性；在内容组织形式方面，以图文并茂为基础，附加实物照片等相应的信息化教学资源，突出教材的直观性、真实性、多样性和时代性，激发学生的学习兴趣。

畜牧类专业教材包括《动物病理》《动物药理》《动物微生物与免疫》《畜禽环境控制技术》《畜牧场经营与管理》《动物营养与饲料》《动物繁育技术》《动物临床诊疗技术》《畜禽疾病防治技术》《养禽与禽病防治》《养猪与猪病防治》《牛羊生产与疾病防治》《中兽医》《宠物内科》《宠物

传染病与公共卫生》《宠物外科与产科》共计 16 本。教材注重还原畜禽生产实际，坚持以够用、实用及适用为原则，着力反映现代畜禽生产及疾病防控前沿的新技术新技能，突出解决寒地畜禽生产中的关键问题。

本系列教材内容紧贴企业生产实际，紧跟行业变化，理论联系实际，突出实用性、前沿性。教材语言阐述通俗易懂，理论适度由浅入深，技能训练注重实用，教材均由具有丰富实践经验的教师和企业一线工作人员编写。

本系列教材将素质教育、技能培养和创新实践有机地融为一体。希望通过它的出版不仅很好地满足我院及兄弟院校相关专业的高职扩招教学需要，而且对北方种植业和畜牧业生产，以及专业建设、课程建设与改革，提高教学质量等起到积极推动作用。

院长：

前　言

“动物微生物与免疫”是高等职业教育畜牧兽医、动物医学、宠物临床诊疗、动物防疫与检疫等专业的专业基础课程，主要讲述动物微生物与免疫的相关知识，该门课程在专业学习中具有重要地位，为动物传染病、动物性食品卫生、动物检疫检验技术等课程的学习奠定必要的理论基础。为了满足现代畜牧经济发展对应用型人才的知识结构要求，本教材系统介绍了微生物与免疫学的相关理论和技术；为了增强学生的动手能力，本教材附有实验指导；为了突出理论参考价值，本教材较详细介绍了与畜牧业生产有关的 8 大类微生物的形态及生理特征，特别是病毒部分写得较详实，可供同行参考。教材除讲述动物微生物与免疫的相关知识外，增加了饲料微生物、微生态制剂、肉蛋奶中的微生物分布等内容。考虑到以后专业课的需要，还涉及了血清学反应和免疫学试验技术。

本教材由黑龙江农业职业技术学院高月林任主编。编写分工如下：高月林编写绪论、项目二，陆江宁编写项目一，刘洪杰编写项目三、项目九，刘云编写项目四、项目五、项目十二，王浩编写项目六、项目七，王瑛琪编写项目十一，葛全兴编写项目八，郭子君编写项目十，范胜博、王箭编写项目十三，段龙川编写实验指导一至九，禹海杰编写实验指导十至十八，鲁兆宁编写附录。全书由车有权、杨玉平主审。课程部分数字资源来自于网络，在此向原资源建设者一并表示感谢。在编写过程中得到了相关院校领导的亲切关怀和支持，在百忙之中保证了编写工作的顺利完成。东北农业大学李继昌、李睿在审稿过程中给予了大量的支持和帮助，谨此表示感谢！

由于编者水平有限，动物微生物与免疫科研应用水平日新月异，书中难免存在缺点和错误，敬请各位读者不吝批评指正。

编　者

2020 年 8 月

课程介绍

目 录

绪　论

【学习目标】

通过本课程的学习，请同学们了解微生物的概念及分类方式，能够组织语言向同学们介绍微生物的特点，可以绘制微生物学发展史的年代大事纪，建立科学发展的渐进性思维。

【任务分析】

任务单

<table>
<tr><td>任务名称</td><td colspan="3">绪论</td></tr>
<tr><td>意义作用</td><td colspan="3">微生物是自然界中肉眼不能直接看到，必须借助光学显微镜或电子显微镜放大几百倍、几千倍甚至几万倍后才能观察到的低等微小生物。通过绪论的学习，我们能够掌握微生物是什么？有哪些分类？有哪些特点？科学家们是如何一步一步地去发现、了解、研究微生物世界的。</td></tr>
<tr><td>任务描述</td><td colspan="3">能够说出微生物的概念；了解微生物的分类；掌握真核细胞型微生物、原核细胞型微生物、非细胞型微生物的分类标准；能够说出微生物的特点；简单介绍微生物学的发展历程。</td></tr>
<tr><td>完成条件</td><td colspan="3">智能手机，多媒体教学设备。</td></tr>
<tr><td rowspan="2">任务资讯</td><td colspan="2">资讯问题</td><td>参考资料</td></tr>
<tr><td colspan="2">1. 微生物是什么？
2. 微生物可以分为哪些类？
3. 微生物的特点有哪些？
4. 叙述微生物学发展过程中的著名科学家及主要贡献。</td><td>1. 陆承平. 动物微生物学. 5 版. 北京：中国农业出版社，2013.
2. 裴春生，张进隆. 动物微生物免疫与应用. 北京：中国农业大学出版社，2015.
3. 刘志恒. 现代微生物学. 2 版. 北京：科学出版社，2008.</td></tr>
<tr><td rowspan="3">考核标准</td><td>知识考核</td><td>能力考核</td><td>素质考核</td></tr>
<tr><td>1. 查阅相关资料，完成资讯问题。
2. 准确回答任务测试题。
3. 任务总结表书写规范。</td><td>1. 能准确说出微生物的概念。
2. 能准确说出微生物的分类。
3. 能准确讲述微生物的特点。
4. 能大致描述微生物学发展史。</td><td>1. 遵守学习纪律，服从教师指导。
2. 团结同学，互帮互助。
3. 思路清晰，描述准确。
4. 珍爱动物生命。</td></tr>
<tr><td colspan="3">注：在实际考核过程中，教师可根据考核标准确定优秀、良好、及格和不及格。优秀 90～100 分；良好 80～89 分；及格 60～79 分；不及格 60 分以下。</td></tr>
</table>

【任务实施】

任务实施　　任务视频　　任务习题

【任务总结】

任务总结表

类别	内容	要点
任务实施	微生物的概念	什么是微生物？
	微生物的分类	1. 按照生物学进行分类微生物可以分为哪些？并举例。 2. 按照结构组成进行分类微生物可以分为哪些？并举例。
	微生物的特点	1. 微生物在形态结构方面具有哪些特点？ 2. 微生物在种类和数量方面具有哪些特点？ 3. 微生物在生理遗传方面具有哪些特点？
	微生物学发展史	1. 古代劳动人民是如何应用微生物知识进行生产生活的？ 2. 安东·列文虎克对微生物学的贡献及局限性有哪些？ 3. 法国微生物学家、化学家路易斯·巴斯德对微生物学的贡献有哪些？目前依然在影响人们生活的微生物学贡献有哪些？ 4. 我国微生物学在新中国成立之后取得了哪些成就？请介绍一下他们的主要事迹。

【任务测试】

1. 课后提交任务总结表。

2. 根据测试结果，指导教师对每位同学做出评价。

【任务小结】

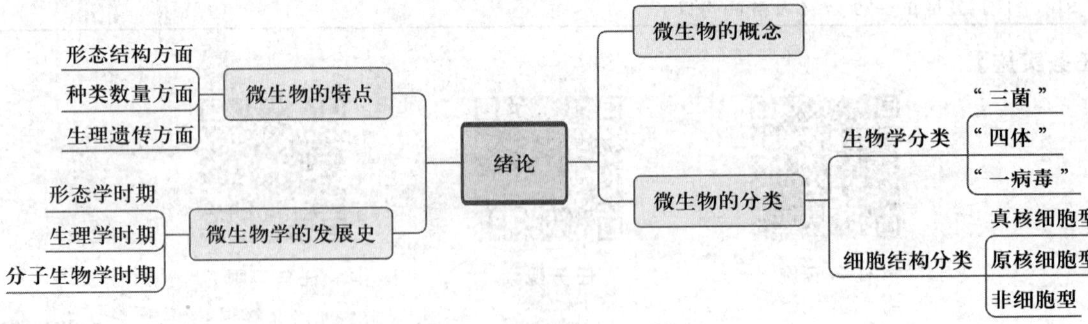

项目一

细 菌

任务一 细菌的形态与结构

【学习目标】

通过本课程的学习，请同学们了解和掌握细菌的大小、形态和排列，细菌的基本结构和特殊结构的基本内容和特点，建立科学发展的结构性思维。

【任务分析】

任务单

<table>
<tr><td>任务名称</td><td colspan="3">细菌的形态与结构</td></tr>
<tr><td>意义作用</td><td colspan="3">通过对细菌的形态与结构的学习，了解和掌握细菌的大小、形态和排列，细菌的基本结构和特殊结构的基本内容和特点。</td></tr>
<tr><td>任务描述</td><td colspan="3">了解细菌的大小、形态和排列；掌握细菌的基本结构的基本内容和特点；掌握细菌的特殊结构的基本内容和特点。</td></tr>
<tr><td>完成条件</td><td colspan="3">智能手机，多媒体教学设备。</td></tr>
<tr><td rowspan="2">任务资讯</td><td>资讯问题</td><td colspan="2">参考资料</td></tr>
<tr><td>1. 细菌大小的测量方法和单位是什么？
2. 细菌的形态和排列方式有哪些？
3. 细菌的基本结构和作用有哪些？
4. 细菌的特殊结构和作用有哪些？</td><td colspan="2">1. 陆承平. 兽医微生物学. 5 版. 北京：中国农业出版社，2013.
2. 崔保安. 动物微生物学. 3 版. 北京：农业出版社，2005.
3. 羊建平，梁学勇. 动物微生物. 北京：中国农业大学出版社，2011.</td></tr>
<tr><td rowspan="3">考核标准</td><td>知识考核</td><td>能力考核</td><td>素质考核</td></tr>
<tr><td>1. 查阅相关资料，完成资讯问题。
2. 准确回答任务测试题。
3. 任务总结表书写规范。</td><td>1. 能准确说出细菌大小的测量方法和单位。
2. 能准确说出细菌的形态和排列方式。
3. 能准确说出细菌的基本结构和作用。
4. 能准确说出细菌的特殊结构和作用。</td><td>1. 遵守学习纪律，服从教师指导。
2. 团结同学，互帮互助。
3. 思路清晰，描述准确。
4. 珍爱动物生命。</td></tr>
<tr><td colspan="3">注：在实际考核过程中，教师可根据考核标准确定优秀、良好、及格和不及格。优秀 90～100 分；良好 80～89 分；及格 60～79 分；不及格 60 分以下。</td></tr>
</table>

【任务实施】

任务实施　　任务视频　　任务习题

【任务总结】

任务总结表

类 别	内 容	要 点
任务实施	细菌的大小、形态与排列	1. 细菌有多大？测定细菌大小的单位是什么？
		2. 细菌细胞的基本形态有哪些？并举例
		3. 细菌的排列方式有哪些？并举例
		4. 怎样理解细菌的多形性？
		5. 细菌的群体形态是什么样的？
	细菌的基本结构	1. 细菌的基本结构有哪些？并举例。
		2. 细菌的基本结构各有哪些作用？
		3. 缺壁细菌有哪些？并举例。
	细菌的特殊结构	1. 细菌的特殊结构有哪些？并举例。
		2. 细菌的特殊结构各有哪些特点和作用？

【任务测试】

1. 课后提交任务总结表。
2. 根据测试结果，指导教师对每位同学做出评价。

【任务小结】

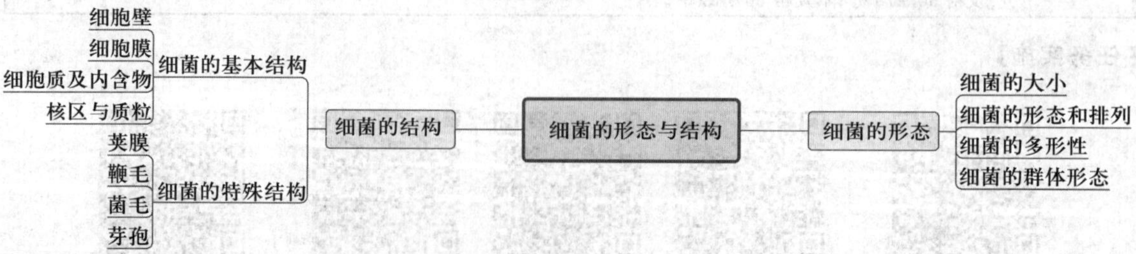

任务二　细菌的营养代谢及产物

【学习目标】

通过本课程的学习，请同学们了解细菌的营养代谢及产物，能够说出细菌的营养需要和代谢产物，能够组织语言向同学们介绍如何利用细菌的营养需要和代谢产物进行细菌的鉴定。

【任务分析】

任务单

<table>
<tr><td>任务名称</td><td colspan="3">细菌的营养代谢及产物</td></tr>
<tr><td>意义作用</td><td colspan="3">通过对细菌的营养代谢及产物的学习，了解和掌握细菌的营养需要及代谢产物，并能够利用细菌的营养需要和代谢产物进行细菌的鉴定。</td></tr>
<tr><td>任务描述</td><td colspan="3">了解和掌握细菌的营养需要、代谢产物，利用细菌的营养需要和代谢产物进行细菌的鉴定。</td></tr>
<tr><td>完成条件</td><td colspan="3">智能手机，多媒体教学设备。</td></tr>
<tr><td rowspan="2">任务资讯</td><td>资讯问题</td><td colspan="2">参考资料</td></tr>
<tr><td>1. 细菌的营养需要有哪些？
2. 细菌的代谢产物有哪些？
3. 如何利用细菌的营养需要和代谢产物进行细菌的鉴定？</td><td colspan="2">1. 陆承平. 兽医微生物学. 5 版. 北京：中国农业出版社，2013.
2. 崔保安. 动物微生物学. 3 版. 北京：中国农业出版社，2005.
3. 羊建平，梁学勇. 动物微生物. 北京：中国农业大学出版社，2011.</td></tr>
<tr><td rowspan="3">考核标准</td><td>知识考核</td><td>能力考核</td><td>素质考核</td></tr>
<tr><td>1. 查阅相关资料，完成资讯问题。
2. 准确回答任务测试题。
3. 任务总结表书写规范。</td><td>1. 能准确说出细菌的营养需要。
2. 能准确说出细菌的代谢产物。
3. 能准确说出如何利用细菌的营养需要和代谢产物进行细菌的鉴定。</td><td>1. 遵守学习纪律，服从教师指导。
2. 团结同学，互帮互助。
3. 思路清晰，描述准确。
4. 珍爱动物生命。</td></tr>
<tr><td colspan="3">注：在实际考核过程中，教师可根据考核标准确定优秀、良好、及格和不及格。优秀 90～100 分；良好 80～89 分；及格 60～79 分；不及格 60 分以下。</td></tr>
</table>

【任务实施】

任务实施　　任务视频　　任务习题

【任务总结】

任务总结表

类 别	内 容	要 点
任务实施	细菌的营养需要	1. 细菌的营养需要有哪些？并举例。 2. 利用细菌的营养需要进行细菌的鉴定，并举例。
	细菌的代谢产物	1. 细菌的代谢产物有哪些？并举例。 2. 利用细菌的代谢产物进行细菌的鉴定，并举例。

【任务测试】

1. 课后提交任务总结表。
2. 根据测试结果，指导教师对每位同学做出评价。

【任务小结】

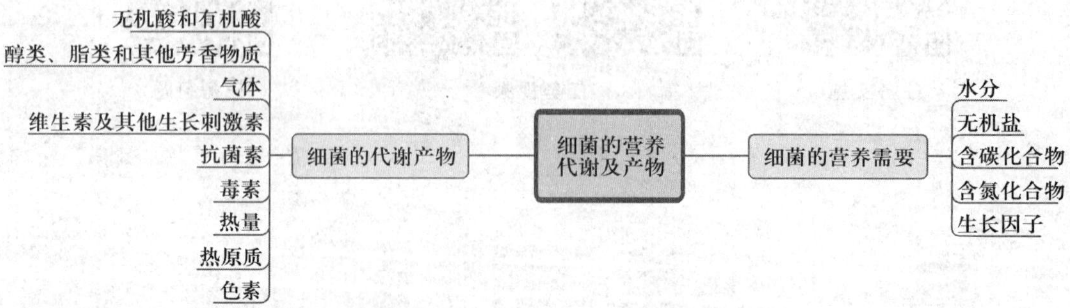

任务三　细菌的繁殖与培养

【学习目标】

通过本课程的学习，请同学们了解细菌的繁殖与培养，能够说出细菌个体和细菌群体的生长繁殖情况，能够组织语言向同学们介绍细菌生长繁殖的条件和细菌人工培养的方法，建立微生物实验操作的无菌意识。

【任务分析】

任务单

<table>
<tr><td>任务名称</td><td colspan="6">细菌的繁殖与培养</td></tr>
<tr><td>意义作用</td><td colspan="6">细菌在自然界中可以生长，但是人们为了研究、利用细菌，经常需要在一定的实验条件下人工培养细菌，通过对细菌的繁殖与培养的学习，我们能够了解细菌个体生长繁殖及细菌群体生长繁殖的特点和规律，掌握细菌生长繁殖的条件，认知各种培养基，学会人工培养细菌的方法。</td></tr>
<tr><td>任务描述</td><td colspan="6">了解细菌个体生长繁殖和细菌群体生长繁殖的特点和规律，掌握细菌生长繁殖的条件，认识各种培养基，学会人工培养细菌的方法。</td></tr>
<tr><td>完成条件</td><td colspan="6">智能手机，多媒体教学设备。</td></tr>
<tr><td rowspan="2">任务资讯</td><td colspan="3">资讯问题</td><td colspan="3">参考资料</td></tr>
<tr><td colspan="3">1. 细菌个体的生长繁殖。
2. 细菌群体的生长繁殖。
3. 细菌生长繁殖的条件。
4. 细菌的人工培养。</td><td colspan="3">1. 刘志恒. 现代微生物学. 北京：科学出版社，2008.
2. 周德庆. 微生物学教程. 2 版. 北京：高等教育出版社，2002.
3. 崔保安. 动物微生物学. 3 版. 北京：中国农业出版社，2005.</td></tr>
<tr><td rowspan="3">考核标准</td><td colspan="2">知识考核</td><td colspan="2">能力考核</td><td colspan="2">素质考核</td></tr>
<tr><td colspan="2">1. 查阅相关资料，完成资讯问题。
2. 准确回答任务测试题。
3. 任务总结表书写规范。</td><td colspan="2">1. 能准确说出细菌个体的生长繁殖。
2. 能准确说出细菌群体的生长繁殖。
3. 能准确讲述细菌生长繁殖的条件。
4. 能大致描述细菌人工培养的方法。</td><td colspan="2">1. 遵守学习纪律，服从教师指导。
2. 团结同学，互帮互助。
3. 思路清晰，描述准确。
4. 珍爱动物生命。</td></tr>
<tr><td colspan="6">注：在实际考核过程中，教师可根据考核标准确定优秀、良好、及格和不及格。优秀 90～100 分；良好 80～89 分；及格 60～79 分；不及格 60 分以下。</td></tr>
</table>

【任务实施】

任务实施　　任务视频　　任务习题

【任务总结】

任务总结表

类别	内容	要点
任务实施	细菌的生长繁殖	1.细菌个体生长繁殖的方式。 2.细菌群体生长繁殖各期的特点： (1)适应期。(2)对数生长期。(3)稳定期。(4)衰亡期。
	细菌生长繁殖的条件	细菌生长繁殖的条件。
	细菌的人工培养	1.培养基的概念。 2.培养基按物理形态可分为哪些? 3.培养基按用途可分为哪些?

【任务测试】

1.课后提交任务总结表。

2.根据测试结果,指导教师对每位同学做出评价。

【任务小结】

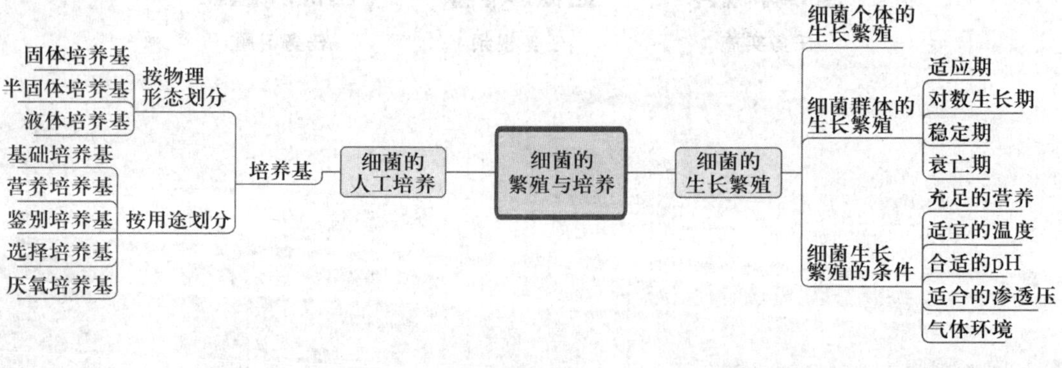

任务四 细菌的一般检验方法

【学习目标】

通过本课程的学习，请同学们了解细菌的一般检验方法，能够说出细菌的一般检验方法有哪些，如何进行运用？

【任务分析】

任务单

<table>
<tr><td>任务名称</td><td colspan="3">细菌的一般检验方法</td></tr>
<tr><td>意义作用</td><td colspan="3">通过对细菌的一般检验方法的学习，能够掌握细菌的形态学观察、细菌的分离培养、细菌的生化试验，运用这些检验方法对细菌进行鉴别和鉴定。</td></tr>
<tr><td>任务描述</td><td colspan="3">能够说出细菌的一般检验方法，了解细菌的形态学观察、细菌的分离培养和细菌的生化试验方法，掌握细菌的一般检验的操作方法。</td></tr>
<tr><td>完成条件</td><td colspan="3">智能手机，多媒体教学设备。</td></tr>
<tr><td rowspan="2">任务资讯</td><td colspan="2">资讯问题</td><td>参考资料</td></tr>
<tr><td colspan="2">1. 革兰氏染色法是什么？
2. 常用的基础培养基分为哪几类？
3. 常用培养基如何制备？
4. 常用的生化试验有哪些？</td><td>1. 刘荣臻，曹元应. 病原微生物与免疫. 3 版. 北京：人民卫生出版社，2001.
2. 费恩阁，李德昌，丁壮. 动物疫病学. 北京：中国农业出版社，2004.</td></tr>
<tr><td rowspan="3">考核标准</td><td>知识考核</td><td>能力考核</td><td>素质考核</td></tr>
<tr><td>1. 查阅相关资料，完成资讯问题。
2. 准确回答任务测试题。
3. 任务总结表书写规范。</td><td>1. 能准确说出革兰氏染色法。
2. 能准确说出常用的基础培养基。
3. 能进行常用培养基的制备。
4. 能准确说出常用的生化试验。</td><td>1. 遵守学习纪律，服从教师指导。
2. 团结同学，互帮互助。
3. 思路清晰，描述准确。
4. 珍爱动物生命。</td></tr>
<tr><td colspan="3">注：在实际考核过程中，教师可根据考核标准确定优秀、良好、及格和不及格。优秀 90～100 分；良好 80～89 分；及格 60～79 分；不及格 60 分以下。</td></tr>
</table>

【任务实施】

任务实施 任务视频 任务习题

【任务总结】

任务总结表

类　别	内　容	要　点
任务实施	细菌的一般检验方法	通过细菌的一般检验方法对细菌进行鉴别和鉴定。
	细菌的形态学观察	1. 美蓝染色法的操作方法。 2. 革兰氏染色法的原理、操作方法和结果判定。
	细菌的分离培养	1. 常用的基础培养基是： 2. 细菌移植可以用： 3. 细菌在固体培养基上的状态是：
	细菌的生化试验	常用的生化试验有哪些？

【任务测试】

1. 课后提交任务总结表。

2. 根据测试结果，指导教师对每位同学做出评价。

【任务小结】

任务五 细菌各论

子任务一 结核分枝杆菌

【学习目标】

通过本课程的学习，请同学们了解结核分枝杆菌，能够说出结核分枝杆菌的分型，能够组织语言向同学们介绍结核分枝杆菌的形态与染色特点、培养特性、抵抗力、抗原性、致病性、微生物学诊断方法、免疫与治疗方法等，建立人兽共患病防控的科学思维。

【任务分析】

任务单

<table>
<tr><td>任务名称</td><td colspan="3">结核分枝杆菌</td></tr>
<tr><td>意义作用</td><td colspan="3">分枝杆菌属的细菌为人兽共患传染病结核病的病原，通过对结核分枝杆菌的学习，我们能够掌握结核分枝杆菌的形态与染色特点、培养特性、抵抗力、抗原性、致病性、微生物学诊断方法、免疫与治疗方法等，更全面地认识和了解结核分枝杆菌，更有效地防控结核病。</td></tr>
<tr><td>任务描述</td><td colspan="3">能够了解和掌握结核分枝杆菌的形态与染色特点、培养特性、抵抗力、抗原性、致病性、微生物学诊断方法、免疫与治疗方法等。</td></tr>
<tr><td>完成条件</td><td colspan="3">智能手机，多媒体教学设备。</td></tr>
<tr><td rowspan="2">任务资讯</td><td>资讯问题</td><td colspan="2">参考资料</td></tr>
<tr><td>1.结核分枝杆菌的形态与染色特点。
2.结核分枝杆菌的培养特性。
3.结核分枝杆菌的抵抗力。
4.结核分枝杆菌的抗原性。
5.结核分枝杆菌的致病性。
6.结核分枝杆菌的微生物学诊断方法。
7.结核分枝杆菌的免疫与治疗方法。</td><td colspan="2">1.陆承平.兽医微生物学.5版.北京:中国农业出版社,2013.
2.郝民忠.动物微生物.2版.重庆:重庆大学出版社,2012.
3.杨玉平.动物微生物.北京:中国轻工业出版社,2012.</td></tr>
<tr><td rowspan="3">考核标准</td><td>知识考核</td><td>能力考核</td><td>素质考核</td></tr>
<tr><td>1.查阅相关资料，完成资讯问题。
2.准确回答任务测试题。
3.任务总结表书写规范。</td><td>1.能准确讲述结核分枝杆菌的形态与染色特点。
2.能准确讲述结核分枝杆菌的培养特性。
3.能准确讲述结核分枝杆菌的抵抗力。
4.能准确讲述结核分枝杆菌的致病性。
5.能准确讲述结核分枝杆菌的微生物学诊断方法。
6.能准确讲述结核分枝杆菌的免疫与治疗方法。</td><td>1.遵守学习纪律，服从教师指导。
2.团结同学，互帮互助。
3.思路清晰，描述准确。
4.珍爱动物生命。</td></tr>
<tr><td colspan="3">注：在实际考核过程中，教师可根据考核标准确定优秀、良好、及格和不及格。优秀90～100分；良好80～89分；及格60～79分；不及格60分以下。</td></tr>
</table>

【任务实施】

任务实施　　任务视频　　任务习题

【任务总结】

任务总结表

类 别	内 容	要 点
任务实施	结核分枝杆菌	分枝杆菌属的细菌为人兽共患传染病结核病的病原。
	形态与染色	1. 结核分枝杆菌的形态特点是什么？ 2. 结核分枝杆菌的染色特点是什么？
	培养特性	1. 结核分枝杆菌培养过程中对氧的要求。 2. 结核分枝杆菌培养过程中对培养基的要求。 3. 结核分枝杆菌培养过程中对温度和 pH 的要求。 4. 结核分枝杆菌在培养基上形成菌落的时间和菌落形态。
	抵抗力	1. 结核分枝杆菌对物理因素的抵抗力情况。 2. 结核分枝杆菌对化学因素的抵抗力情况。 3. 针对结核分枝杆菌抗菌药物的选择。
	抗原性	结核分枝杆菌的抗原性。
	致病性	结核分枝杆菌的致病性特点。
	微生物学诊断方法	结核分枝杆菌的微生物学诊断方法有哪些？
	免疫与治疗方法	如何进行结核病的免疫与治疗？

【任务测试】

1. 课后提交任务总结表。
2. 根据测试结果，指导教师对每位同学做出评价。

【任务小结】

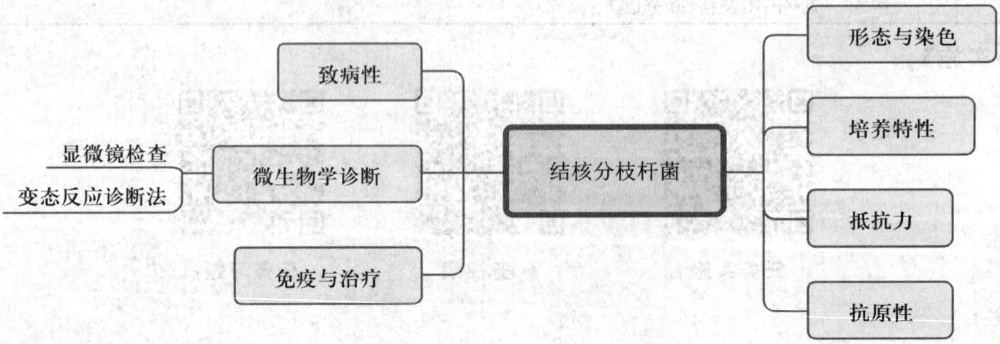

子任务二 炭疽杆菌

【学习目标】

通过本课程的学习，请同学们了解炭疽杆菌，能够说出炭疽杆菌的流行情况，能够组织语言向同学们介绍炭疽杆菌的形态与染色特点、培养特性、抵抗力、抗原性、致病性、微生物学诊断方法、免疫与治疗方法等，建立生物安全防控的科学思维。

【任务分析】

任务单

<table>
<tr><td>任务名称</td><td colspan="3">炭疽杆菌</td></tr>
<tr><td>意义作用</td><td colspan="3">炭疽杆菌为人兽共患传染病炭疽病的病原，通过对炭疽杆菌的学习，我们能够掌握炭疽杆菌的形态与染色特点、培养特性、抵抗力、抗原性、致病性、微生物学诊断方法、免疫与治疗方法等，更全面地认识和了解炭疽杆菌，更有效地防控炭疽病。</td></tr>
<tr><td>任务描述</td><td colspan="3">能够了解和掌握炭疽杆菌的形态与染色特点、培养特性、抵抗力、抗原性、致病性、微生物学诊断方法、免疫与治疗方法等。</td></tr>
<tr><td>完成条件</td><td colspan="3">智能手机，多媒体教学设备。</td></tr>
<tr><td rowspan="2">任务资讯</td><td>资讯问题</td><td colspan="2">参考资料</td></tr>
<tr><td>1.炭疽杆菌的形态与染色特点。
2.炭疽杆菌的培养特性。
3.炭疽杆菌的抵抗力。
4.炭疽杆菌的抗原性。
5.炭疽杆菌的致病性。
6.炭疽杆菌的微生物学诊断方法。
7.炭疽杆菌的免疫与治疗方法。</td><td colspan="2">1.陆承学.兽医微生物学.5版.北京:中国农业出版社,2013.
2.郝民忠.动物微生物.2版.重庆:重庆大学出版社,2012.
3.杨玉平.动物微生物.北京.中国轻工业出版社,2012.</td></tr>
<tr><td rowspan="3">考核标准</td><td>知识考核</td><td>能力考核</td><td>素质考核</td></tr>
<tr><td>1.查阅相关资料，完成资讯问题。
2.准确回答任务测试题。
3.任务总结表书写规范。</td><td>1.能准确讲述炭疽杆菌的形态与染色特点、培养特性、抵抗力。
2.能准确讲述结炭疽杆菌的抗原性、致病性。
3.能准确讲述炭疽杆菌的微生物学诊断方法。
4.能准确讲述炭疽杆菌的免疫与治疗方法。</td><td>1.遵守学习纪律，服从教师指导。
2.团结同学，互帮互助。
3.思路清晰，描述准确。
4.珍爱动物生命。</td></tr>
<tr><td colspan="3">注：在实际考核过程中，教师可根据考核标准确定优秀、良好、及格和不及格。优秀 90～100 分；良好 80～89 分；及格 60～79 分；不及格 60 分以下。</td></tr>
</table>

【任务实施】

任务实施　　任务视频　　任务习题

【任务总结】

任务总结表

类别	内容	要点
任务实施	炭疽杆菌	炭疽杆菌为人兽共患传染病炭疽病的病原。
	形态与染色	1.炭疽杆菌的形态特点是什么？ 2.炭疽杆菌的染色特性是什么？
	培养特性	1.炭疽杆菌培养过程中对氧的要求。 2.炭疽杆菌培养过程中的特殊生长环境。 3.炭疽杆菌培养过程中对温度和pH的要求。 4.炭疽杆菌培养基上形成菌落的时间和菌落的形态。
	抵抗力	1.炭疽杆菌对物理因素的抵抗力情况。 2.炭疽杆菌对化学因素的抵抗力情况。 3.炭疽杆菌抗菌药物的选择。
	抗原性	炭疽杆菌的抗原特性。
	致病性	炭疽杆菌的致病性特点。
	微生物学诊断方法	炭疽杆菌的微生物学诊断方法。
	免疫与治疗方法	如何进行炭疽病的免疫与治疗？

【任务测试】

1.课后提交任务总结表。

2.根据测试结果，指导教师对每位同学做出评价。

【任务小结】

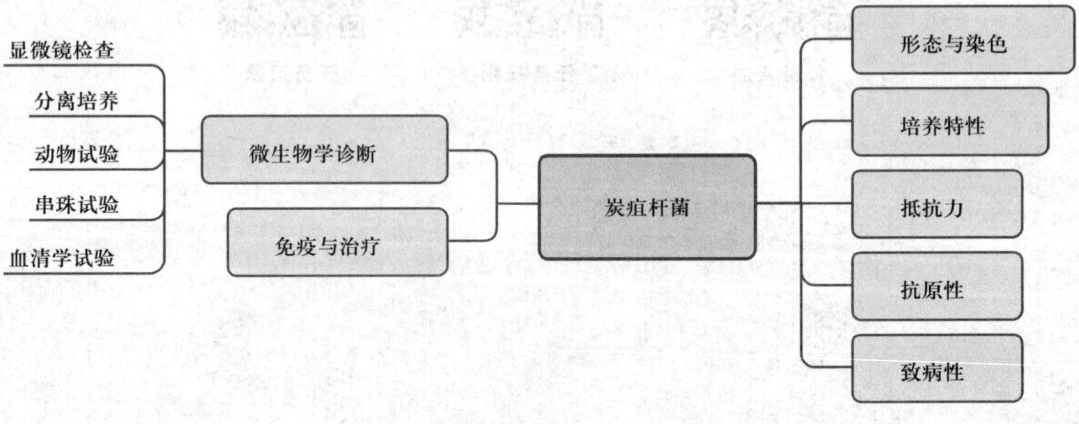

子任务三　链球菌

【学习目标】

通过本课程的学习，请同学们了解链球菌，能够说出链球菌所导致疾病的发生情况，能够组织语言向同学们介绍链球菌的形态与染色特点、培养特性、抵抗力、抗原性、致病性、微生物学诊断方法、免疫与治疗方法等，建立防控链球菌感染的卫生安全思维。

【任务分析】

任务单

<table>
<tr><td>任务名称</td><td colspan="4">链球菌</td></tr>
<tr><td>意义作用</td><td colspan="4">链球菌是常见的化脓球菌，可引起人的猩红热病、马的马腺疫病、猪的链球菌病及食物中毒。通过对链球菌的学习，我们能够掌握链球菌的形态与染色特点、培养特性、抵抗力、抗原性、致病性、微生物学诊断方法、免疫与治疗方法等，更充分全面地认识和了解炭疽杆菌，更有效地防控链球菌所导致的疾病。</td></tr>
<tr><td>任务描述</td><td colspan="4">能够了解和掌握链球菌的形态与染色特点、培养特性、抵抗力、抗原性、致病性、微生物学诊断方法、免疫与治疗方法等。</td></tr>
<tr><td>完成条件</td><td colspan="4">智能手机，多媒体教学设备。</td></tr>
<tr><td rowspan="2">任务资讯</td><td colspan="2">资讯问题</td><td colspan="2">参考资料</td></tr>
<tr><td colspan="2">1. 链球菌的形态与染色特点。
2. 链球菌的培养特性。
3. 链球菌的抵抗力。
4. 链球菌的抗原性。
5. 链球菌的致病性。
6. 链球菌的微生物学诊断方法。
7. 链球菌的免疫与治疗方法。</td><td colspan="2">1. 陆承平. 兽医微生物学. 5 版. 北京：中国农业出版社，2013.
2. 郝民忠. 动物微生物. 2 版. 重庆：重庆大学出版社，2015.
3. 杨玉平. 动物微生物. 北京：中国轻工业出版社，2012.</td></tr>
<tr><td rowspan="3">考核标准</td><td>知识考核</td><td colspan="2">能力考核</td><td>素质考核</td></tr>
<tr><td>1. 查阅相关资料，完成资讯问题。
2. 准确回答任务测试题。
3. 任务总结表书写规范。</td><td colspan="2">1. 能准确讲述链球菌的形态与染色特点、培养特性、抵抗力。
2. 能准确讲述链球菌的抗原性、致病性。
3. 能准确讲述链球菌的微生物学诊断方法。
4. 能准确讲述链球菌的免疫与治疗方法。</td><td>1. 遵守学习纪律，服从教师指导。
2. 团结同学，互帮互助。
3. 思路清晰，描述准确。
4. 珍爱动物生命。</td></tr>
<tr><td colspan="4">注：在实际考核过程中，教师可根据考核标准确定优秀、良好、及格和不及格。优秀 90～100 分；良好 80～89 分，及格 60～79 分；不及格 60 分以下。</td></tr>
</table>

【任务实施】

任务实施　　任务视频　　任务习题

【任务总结】

任务总结表

类 别	内 容	要 点
任务实施	形态与染色	1. 链球菌的形态特点是什么？ 2. 链球菌的染色特性是什么？
	培养特性	1. 链球菌培养过程中对氧的要求。 2. 链球菌培养过程中对培养基的要求。 3. 链球菌培养过程中对温度和 pH 的要求。 4. 链球菌在培养基上形成菌落的时间和菌落形态。
	抵抗力	1. 链球菌对物理因素的抵抗力情况。 2. 链球菌对化学因素的抵抗力情况。 3. 针对链球菌的抗菌药物的选择。
	抗原性	链球菌的抗原特性。
	致病性	链球菌的致病性特点。
	微生物学诊断方法	链球菌的微生物学诊断方法。
	免疫与治疗方法	如何进行链球菌所致疾病的免疫与治疗？

【任务测试】

1. 课后提交任务总结表。
2. 根据测试结果，指导教师对每位同学做出评价。

【任务小结】

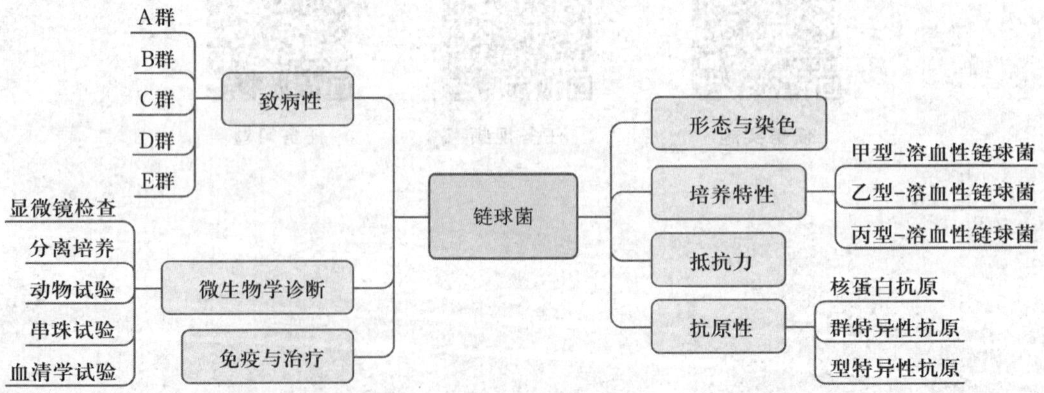

子任务六　产气荚膜梭菌

【学习目标】

通过本课程的学习，请同学们了解产气荚膜梭菌，能够说出产气荚膜梭菌对人和动物的危害情况，能够组织语言向同学们介绍产气荚膜梭菌的形态与染色特点、培养特性、抵抗力、抗原性、致病性、微生物学诊断方法、免疫与治疗方法等，建立防控产气荚膜梭菌感染的科学思维。

【任务分析】

任务单

<table>
<tr><td>任务名称</td><td colspan="3">产气荚膜梭菌</td></tr>
<tr><td>意义作用</td><td colspan="3">产气荚膜梭菌又称魏氏梭菌，广泛存在于自然界和动物肠道中。主要引起人的食物中毒、气性坏疽和坏死性肠炎；在家畜中主要危害绵羊和兔，引起羔羊痢疾、羊猝疽、羊肠毒血症和兔魏氏梭菌性下痢。通过对产气荚膜梭菌的学习，我们能够掌握产气荚膜梭菌的形态与染色特点、培养特性、抵抗力、抗原性、致病性、微生物学诊断方法、免疫与治疗方法等，更充分全面地认识和了解产气荚膜梭菌，更有效地防控产气荚膜梭菌所引起的疾病。</td></tr>
<tr><td>任务描述</td><td colspan="3">能够了解和掌握产气荚膜梭菌的形态与染色特点、培养特性、抵抗力、抗原性、致病性、微生物学诊断方法、免疫与治疗方法等。</td></tr>
<tr><td>完成条件</td><td colspan="3">智能手机，多媒体教学设备。</td></tr>
<tr><td rowspan="2">任务资讯</td><td>资讯问题</td><td colspan="2">参考资料</td></tr>
<tr><td>1. 产气荚膜梭菌的形态与染色特点。
2. 产气荚膜梭菌的培养特性。
3. 产气荚膜梭菌的抵抗力。
4. 产气荚膜梭菌的抗原性。
5. 产气荚膜梭菌的致病性。
6. 产气荚膜梭菌的微生物学诊断方法。
7. 产气荚膜梭菌的免疫与治疗方法。</td><td colspan="2">1. 陆承平. 兽医微生物学. 5 版. 北京：中国农业出版社，2013.
2. 郝民忠. 动物微生物. 2 版. 重庆：重庆大学出版社，2015.
3. 杨玉平. 动物微生物. 北京：中国轻工业出版社，2012.</td></tr>
<tr><td rowspan="3">考核标准</td><td>知识考核</td><td>能力考核</td><td>素质考核</td></tr>
<tr><td>1. 查阅相关资料，完成资讯问题。
2. 准确回答任务测试题。
3. 任务总结表书写规范。</td><td>1. 能准确讲述产气荚膜梭菌的形态与染色特点、培养特性、抵抗力、抗原性。
2. 能准确讲述产气荚膜梭菌的致病性。
3. 能准确讲述产气荚膜梭菌的微生物学诊断方法。
4. 能准确讲述产气荚膜梭菌的免疫与治疗方法。</td><td>1. 遵守学习纪律，服从教师指导。
2. 团结同学，互帮互助。
3. 思路清晰，描述准确。
4. 珍爱动物生命。</td></tr>
<tr><td colspan="3">注：在实际考核过程中，教师可根据考核标准确定优秀、良好、及格和不及格。优秀 90～100 分；良好 80～89 分；及格 60～79 分；不及格 60 分以下。</td></tr>
</table>

【任务实施】

任务实施　　任务视频　　任务习题

【任务总结】

任务总结表

类　别	内　容	要　点
任务实施	产气荚膜梭菌	产气荚膜梭菌引起的人畜发病情况。
	形态与染色	1.产气荚膜梭菌的形态特点是什么？ 2.产气荚膜梭菌的染色特性是什么？
	培养特性	1.产气荚膜梭菌培养过程中对氧的要求。 2.产气荚膜梭菌培养过程中对培养基的要求。 3.产气荚膜梭菌培养过程中对温度和 pH 的要求。 4.产气荚膜梭菌在培养基上形成菌落的时间和菌落形态。
	抵抗力	1.产气荚膜梭菌对物理因素的抵抗力情况。 2.产气荚膜梭菌对化学因素的抵抗力情况。 3.产气荚膜梭菌抗菌药物的选择。
	抗原性	产气荚膜梭菌的抗原特性。
	致病性	产气荚膜梭菌的致病性特点。
	微生物学诊断方法	产气荚膜梭菌的微生物学诊断方法。
	免疫与治疗方法	如何进行产气荚膜梭菌所致疾病的免疫与治疗？

【任务测试】

1.课后提交任务总结表。

2.根据测试结果，指导教师对每位同学做出评价。

【任务小结】

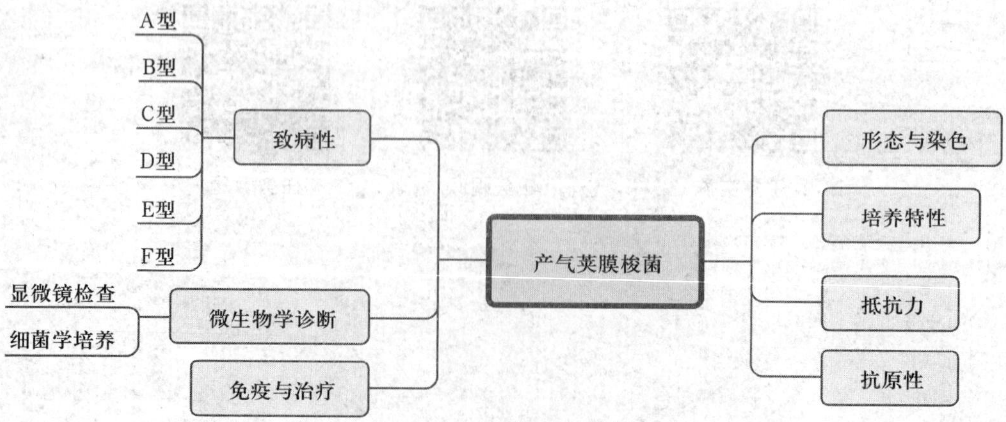

子任务七　多杀性巴氏杆菌

【学习目标】

通过本课程的学习，请同学们了解多杀性巴氏杆菌，能够说出多杀性巴氏杆菌对人和动物的危害情况，能够组织语言向同学们介绍多杀性巴氏杆菌的形态与染色特点、培养特性、抵抗力、抗原性、致病性、微生物学诊断方法、免疫与治疗方法等，建立防控畜禽巴氏杆菌病的科学思维。

【任务分析】

任务单

<table>
<tr><td>任务名称</td><td colspan="3">多杀性巴氏杆菌</td></tr>
<tr><td>意义作用</td><td colspan="3">多杀性巴氏杆菌是多种动物巴氏杆菌病的病原菌，会使动物发生出血性败血症或传染性肺炎，通过对多杀性巴氏杆菌的学习，我们能够掌握多杀性巴氏杆菌的形态与染色特点、培养特性、抵抗力、抗原性、致病性、微生物学诊断方法、免疫与治疗方法等，更充分全面地认识和了解多杀性巴氏杆菌，更有效地防控多杀性巴氏杆菌所引起的疾病。</td></tr>
<tr><td>任务描述</td><td colspan="3">能够了解和掌握多杀性巴氏杆菌的形态与染色特点、培养特性、抵抗力、抗原性、致病性、微生物学诊断方法、免疫与治疗方法等。</td></tr>
<tr><td>完成条件</td><td colspan="3">智能手机，多媒体教学设备。</td></tr>
<tr><td rowspan="2">任务资讯</td><td>资讯问题</td><td colspan="2">参考资料</td></tr>
<tr><td>1. 多杀性巴氏杆菌的形态与染色特点。
2. 多杀性巴氏杆菌的培养特性。
3. 多杀性巴氏杆菌的抵抗力。
4. 多杀性巴氏杆菌的抗原性。
5. 多杀性巴氏杆菌的致病性。
6. 多杀性巴氏杆菌的微生物学诊断方法。
7. 多杀性巴氏杆菌的免疫与治疗方法。</td><td colspan="2">1. 陆承平. 兽医微生物学. 5 版. 北京：中国农业出版社，2013.
2. 郝民忠. 动物微生物. 2 版. 重庆：重庆大学出版社，2015.
3. 杨玉平. 动物微生物. 北京：中国轻工业出版社，2012.</td></tr>
<tr><td rowspan="3">考核标准</td><td>知识考核</td><td>能力考核</td><td>素质考核</td></tr>
<tr><td>1. 查阅相关资料，完成资讯问题。
2. 准确回答任务测试题。
3. 任务总结表书写规范。</td><td>1. 能准确讲述多杀性巴氏杆菌的形态与染色特点、培养特性、抵抗力、抗原性。
2. 能准确讲述多杀性巴氏杆菌的致病性。
3. 能准确讲述多杀性巴氏杆菌的微生物学诊断方法。
4. 能准确讲述多杀性巴氏杆菌的免疫与治疗方法。</td><td>1. 遵守学习纪律，服从教师指导。
2. 团结同学，互帮互助。
3. 思路清晰，描述准确。
4. 珍爱动物生命。</td></tr>
<tr><td colspan="3">注：在实际考核过程中，教师可根据考核标准确定优秀、良好、及格和不及格。优秀 90～100 分；良好 80～89 分；及格 60～79 分；不及格 60 分以下。</td></tr>
</table>

【任务实施】

任务实施　　任务视频　　任务习题

【任务总结】

任务总结表

类　别	内　容	要　点
任务实施	多杀性巴氏杆菌	多杀性巴氏杆菌引起的人畜发病情况。
	形态与染色	1.多杀性巴氏杆菌的形态特点是什么？ 2.多杀性巴氏杆菌的染色特性是什么？
	培养特性	1.多杀性巴氏杆菌培养过程中对氧的要求。 2.多杀性巴氏杆菌培养过程中对培养基的要求。 3.多杀性巴氏杆菌培养过程中对温度和 pH 的要求。 4.多杀性巴氏杆菌在培养基上形成菌落的时间和菌落形态。
	抵抗力	1.多杀性巴氏杆菌对物理因素的抵抗力情况。 2.多杀性巴氏杆菌对化学因素的抵抗力情况。 3.多杀性巴氏杆菌抗菌药物的选择。
	抗原性	多杀性巴氏杆菌的抗原特性。
	致病性	多杀性巴氏杆菌的致病性特点。
	微生物学诊断方法	多杀性巴氏杆菌的微生物学诊断方法。
	免疫与治疗方法	如何进行多杀性巴氏杆菌所致疾病的免疫与治疗？

【任务测试】

1.课后提交任务总结表。

2.根据测试结果，指导教师对每位同学做出评价。

【任务小结】

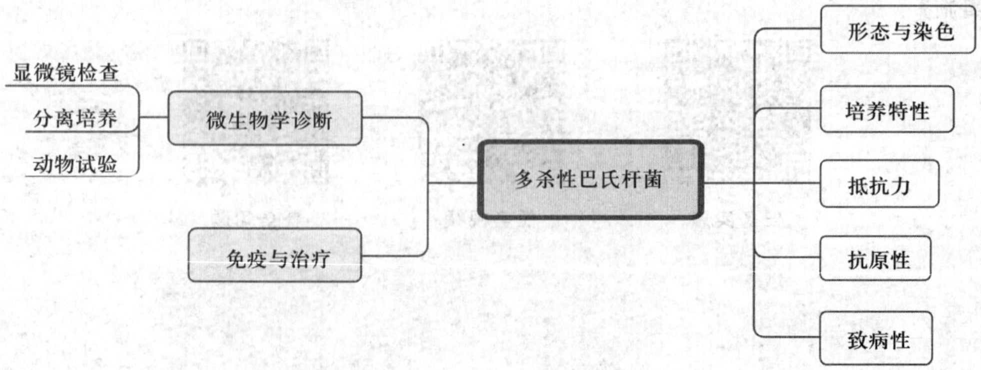

子任务八　沙门氏菌属

【学习目标】

通过本课程学习，请同学们了解沙门氏菌，能够说出沙门氏菌对人和动物的危害情况，能够组织语言向同学们介绍沙门氏菌的形态与染色特点、培养特性、抵抗力、抗原性、致病性、微生物学诊断方法、免疫与治疗方法等，建立防控沙门氏菌病的科学思维。

【任务分析】

任务单

<table>
<tr><td>任务名称</td><td colspan="3">沙门氏菌属</td></tr>
<tr><td>意义作用</td><td colspan="3">沙门氏菌属是肠道杆菌科的成员，包括 2 000 多种血清型，它们主要在人和动物的肠道内寄生，绝大多数沙门氏菌对人和动物有致病性，能引起人和动物的沙门氏菌病，也能引起人的食物中毒。通过对沙门氏菌的学习，我们能够掌握沙门氏菌的形态与染色特点、培养特性、抵抗力、抗原性、致病性、微生物学诊断方法、免疫与治疗方法等，更充分全面地认识和了解沙门氏菌，更有效地防控沙门氏菌所引起的疾病。</td></tr>
<tr><td>任务描述</td><td colspan="3">能够了解和掌握沙门氏菌的形态与染色特点、培养特性、抵抗力、抗原性、致病性、微生物学诊断方法、免疫与治疗方法等。</td></tr>
<tr><td>完成条件</td><td colspan="3">智能手机，多媒体教学设备。</td></tr>
<tr><td rowspan="2">任务资讯</td><td colspan="2">资讯问题</td><td>参考资料</td></tr>
<tr><td colspan="2">1. 沙门氏菌的形态与染色特点。
2. 沙门氏菌的培养特性。
3. 沙门氏菌的抵抗力。
4. 沙门氏菌的抗原性。
5. 沙门氏菌的致病性。
6. 沙门氏菌的微生物学诊断方法。
7. 沙门氏菌的免疫与治疗方法。</td><td>1. 陆承平. 兽医微生物学. 5 版. 北京：中国农业出版社，2013.
2. 郝民忠. 动物微生物. 2 版. 重庆：重庆大学出版社，2015.
3. 杨玉平. 动物微生物. 北京：中国轻工业出版社，2012.</td></tr>
<tr><td rowspan="3">考核标准</td><td>知识考核</td><td>能力考核</td><td>素质考核</td></tr>
<tr><td>1. 查阅相关资料，完成资讯问题。
2. 准确回答任务测试题。
3. 任务总结表书写规范。</td><td>1. 能准确讲述沙门氏菌的形态与染色特点、培养特性、抵抗力、抗原性。
2. 能准确讲述沙门氏菌的致病性。
3. 能准确讲述沙门氏菌的微生物学诊断方法。
4. 能准确讲述沙门氏菌的免疫与治疗方法。</td><td>1. 遵守学习纪律，服从教师指导。
2. 团结同学，互帮互助。
3. 思路清晰，描述准确。
4. 珍爱动物生命。</td></tr>
<tr><td colspan="3">注：在实际考核过程中，教师可根据考核标准确定优秀、良好、及格和不及格。优秀 90～100 分；良好 80～89 分；及格 60～79 分；不及格 60 分以下。</td></tr>
</table>

【任务实施】

任务实施　　任务视频　　任务习题

【任务总结】

任务总结表

类别	内容	要点
任务实施	沙门氏菌	沙门氏菌引起人畜发病情况。
	形态与染色	1.沙门氏菌的形态特点是什么？ 2.沙门氏菌的染色特性是什么？
	培养特性	1.沙门氏菌培养过程中对氧的要求。 2.沙门氏菌培养过程中对培养基的要求。 3.沙门氏菌培养过程中对温度和 pH 的要求。 4.沙门氏菌在培养基上形成菌落的时间和菌落形态。
	抵抗力	1.沙门氏菌对物理因素的抵抗力情况。 2.沙门氏菌对化学因素的抵抗力情况。 3.沙门氏菌抗菌药物的选择。
	抗原性	沙门氏菌的抗原特性。
	致病性	沙门氏菌的致病性特点。
	微生物学诊断方法	沙门氏菌的微生物学诊断方法。
	免疫与治疗方法	如何进行沙门氏菌所致疾病的免疫与治疗？

【任务测试】

1.课后提交任务总结表。

2.根据测试结果，指导教师对每位同学做出评价。

【任务小结】

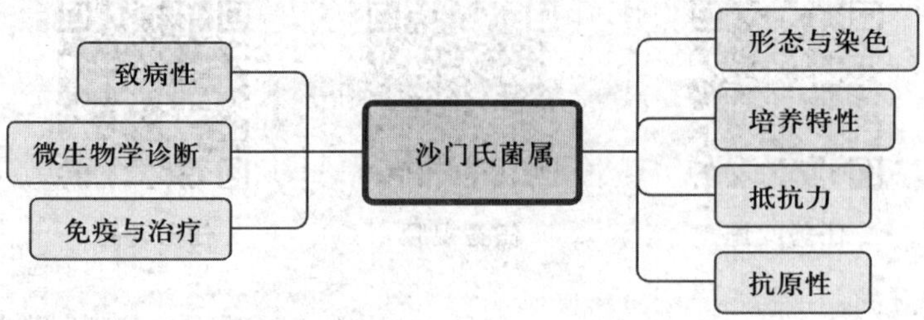

子任务九　大肠杆菌

【学习目标】

通过本课程的学习，请同学们了解大肠杆菌，能够说出大肠杆菌对人和动物的危害情况，能够组织语言向同学们介绍大肠杆菌的形态与染色特点、培养特性、抵抗力、抗原性、致病性、微生物学诊断方法、免疫与治疗方法等，建立防控大肠杆菌病的科学思维。

【任务分析】

任务单

<table>
<tr><td>任务名称</td><td colspan="4">大肠杆菌</td></tr>
<tr><td>意义作用</td><td colspan="4">埃希氏菌属有5个种，其中与人和动物密切相关的是大肠埃希氏菌，俗称大肠杆菌。通过对大肠杆菌的学习，我们能够掌握大肠杆菌的形态与染色特点、培养特性、抵抗力、抗原性、致病性、微生物学诊断方法、免疫与治疗方法等，更充分全面地认识和了解大肠杆菌，更有效地防控大肠杆菌所引起的疾病。</td></tr>
<tr><td>任务描述</td><td colspan="4">能够了解和掌握大肠杆菌的形态与染色特点、培养特性、抵抗力、抗原性、致病性、微生物学诊断方法、免疫与治疗方法等。</td></tr>
<tr><td>完成条件</td><td colspan="4">智能手机，多媒体教学设备。</td></tr>
<tr><td rowspan="2">任务资讯</td><td colspan="2">资讯问题</td><td colspan="2">参考资料</td></tr>
<tr><td colspan="2">1. 大肠杆菌的形态与染色特点。
2. 大肠杆菌的培养特性。
3. 大肠杆菌的抵抗力。
4. 大肠杆菌的抗原性。
5. 大肠杆菌的致病性。
6. 大肠杆菌的微生物学诊断方法。
7. 大肠杆菌的免疫与治疗方法。</td><td colspan="2">1. 陆承平. 兽医微生物学. 5版. 北京：中国农业出版社，2013.
2. 郝民忠. 动物微生物. 2版. 重庆：重庆大学出版社，2015.
3. 杨玉平. 动物微生物. 北京：中国轻工业出版社，2012.</td></tr>
<tr><td rowspan="3">考核标准</td><td>知识考核</td><td colspan="2">能力考核</td><td>素质考核</td></tr>
<tr><td>1. 查阅相关资料，完成资讯问题。
2. 准确回答任务测试题。
3. 任务总结表书写规范。</td><td colspan="2">1. 能准确讲述大肠杆菌的形态与染色特点、培养特性、抵抗力、抗原性。
2. 能准确讲述大肠杆菌的致病性。
3. 能准确讲述大肠杆菌的微生物学诊断方法。
4. 能准确讲述大肠杆菌的免疫与治疗方法。</td><td>1. 遵守学习纪律，服从教师指导。
2. 团结同学，互帮互助。
3. 思路清晰，描述准确。
4. 珍爱动物生命。</td></tr>
<tr><td colspan="4">注：在实际考核过程中，教师可根据考核标准确定优秀、良好、及格和不及格。优秀90～100分；良好80～89分；及格60～79分；不及格60分以下。</td></tr>
</table>

【任务实施】

任务实施　　任务视频　　任务习题

【任务总结】

任务总结表

类 别	内 容	要 点
任务实施	大肠杆菌	大肠杆菌引起的人畜发病情况。
	形态与染色	1. 大肠杆菌的形态特点是什么？ 2. 大肠杆菌的染色特性是什么？
	培养特性	1. 大肠杆菌培养过程中对氧的要求。 2. 大肠杆菌培养过程中对培养基的要求。 3. 大肠杆菌培养过程中对温度和 pH 的要求。 4. 大肠杆菌在培养基上形成菌落的时间和菌落形态。
	抵抗力	1. 大肠杆菌对物理因素的抵抗力情况。 2. 大肠杆菌对化学因素的抵抗力情况。 3. 大肠杆菌抗菌药物的选择。
	抗原性	大肠杆菌的抗原特性。
	致病性	大肠杆菌的致病性特点。
	微生物学诊断方法	大肠杆菌的微生物学诊断方法。
	免疫与治疗方法	如何进行大肠杆菌所致疾病的免疫与治疗？

【任务测试】

1. 课后提交任务总结表。
2. 根据测试结果，指导教师对每位同学做出评价。

【任务小结】

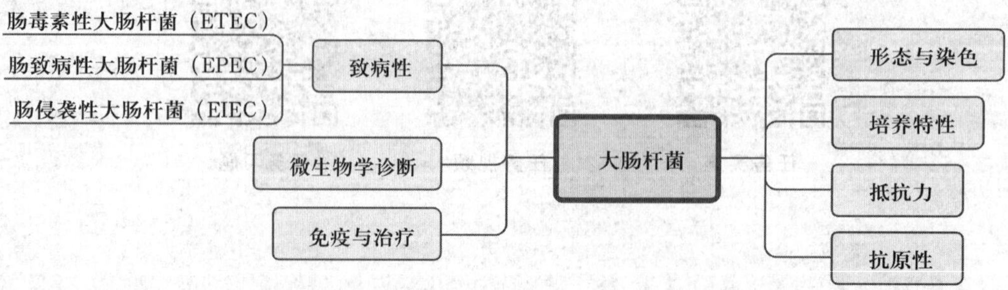

子任务十　葡萄球菌

【学习目标】

通过本课程学习，请同学们了解葡萄球菌，能够说出葡萄球菌对人和动物的危害情况，能够组织语言向同学们介绍葡萄球菌的形态与染色特点、培养特性、抵抗力、抗原性、致病性、微生物学诊断方法、免疫与治疗方法等，建立防控葡萄球菌感染的科学思维。

【任务分析】

任务单

<table>
<tr><td>任务名称</td><td colspan="4">葡萄球菌</td></tr>
<tr><td>意义作用</td><td colspan="4">葡萄球菌在自然界分布广泛，空气、水、土壤、食品、饲料、动物体表以及与动物体表相通的腔道、黏膜都易发现本菌，主要引起化脓性疾病以及人的食物中毒。通过对葡萄球菌的学习，我们能够掌握葡萄球菌的形态与染色特点、培养特性、抵抗力、抗原性、致病性、微生物学诊断方法、免疫与治疗方法等，更充分全面地认识和了解葡萄球菌，更有效地防控葡萄球菌所引起的疾病。</td></tr>
<tr><td>任务描述</td><td colspan="4">能够了解和掌握葡萄球菌的形态与染色特点、培养特性、抵抗力、抗原性、致病性、微生物学诊断方法、免疫与治疗方法等。</td></tr>
<tr><td>完成条件</td><td colspan="4">智能手机，多媒体教学设备。</td></tr>
<tr><td rowspan="2">任务资讯</td><td colspan="2">资讯问题</td><td colspan="2">参考资料</td></tr>
<tr><td colspan="2">1. 葡萄球菌的形态与染色特点。
2. 葡萄球菌的培养特性。
3. 葡萄球菌的抵抗力。
4. 葡萄球菌的抗原性。
5. 葡萄球菌的致病性。
6. 葡萄球菌的微生物学诊断方法。
7. 葡萄球菌的免疫与治疗方法。</td><td colspan="2">1. 陆承平. 兽医微生物学. 5 版. 北京：中国农业出版社，2013.
2. 郝民忠. 动物微生物. 2 版. 重庆：重庆大学出版社，2015.
3. 杨玉平. 动物微生物. 北京：中国轻工业出版社，2012.</td></tr>
<tr><td rowspan="3">考核标准</td><td>知识考核</td><td colspan="2">能力考核</td><td>素质考核</td></tr>
<tr><td>1. 查阅相关资料，完成资讯问题。
2. 准确回答任务测试题。
3. 任务总结表书写规范。</td><td colspan="2">1. 能准确讲述葡萄球菌的形态与染色特点、培养特性、抵抗力、抗原性。
2. 能准确讲述葡萄球菌的致病性。
3. 能准确讲述葡萄球菌的微生物学诊断方法。
4. 能准确讲述葡萄球菌的免疫与治疗方法。</td><td>1. 遵守学习纪律，服从教师指导。
2. 团结同学，互帮互助。
3. 思路清晰，描述准确。
4. 珍爱动物生命。</td></tr>
<tr><td colspan="4">注：在实际考核过程中，教师可根据考核标准确定优秀、良好、及格和不及格。优秀 90～100 分；良好 80～89 分；及格 60～79 分；不及格 60 分以下。</td></tr>
</table>

【任务实施】

任务实施　　任务视频　　任务习题

【任务总结】

任务总结表

类 别	内 容	要 点
任务实施	葡萄球菌	葡萄球菌引起的人畜发病情况。
	形态与染色	1. 葡萄球菌的形态特点是什么？ 2. 葡萄球菌的染色特性是什么？
	培养特性	1. 葡萄球菌培养过程中对氧的要求。 2. 葡萄球菌培养过程中对培养基的要求。 3. 葡萄球菌培养过程中对温度和 pH 的要求。 4. 葡萄球菌在培养基上形成菌落的时间和菌落形态。
	抵抗力	1. 葡萄球菌对物理因素的抵抗力情况。 2. 葡萄球菌对化学因素的抵抗力情况。 3. 葡萄球菌抗菌药物的选择。
	抗原性	葡萄球菌的抗原特性。
	致病性	葡萄球菌的致病性特点。
	微生物学诊断方法	葡萄球菌的微生物学诊断方法。
	免疫与治疗方法	如何进行葡萄球菌所致疾病的免疫与治疗。

【任务测试】

1. 课后提交任务总结表。
2. 根据测试结果，指导教师对每位同学做出评价。

【任务小结】

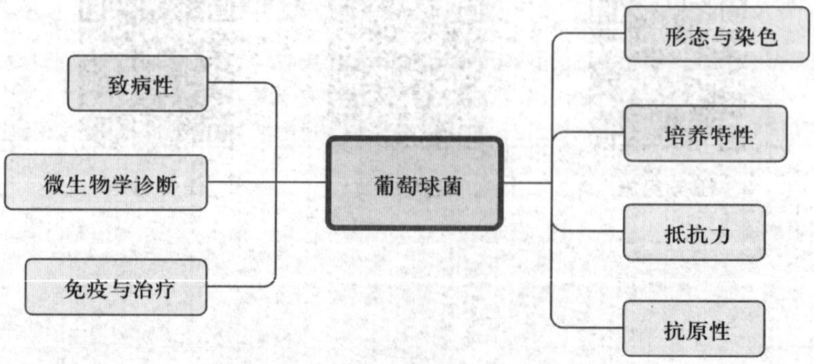

项目二

病　毒

任务一　病毒概述

【学习目标】

通过本课程学习，请同学们掌握病毒的概念，能够说出病毒的基本特征，能够组织语言向同学们介绍病毒的形态结构和理化特性，形成独立思考问题的能力，从而建立对病毒的基本认识。

【任务分析】

任务单

<table>
<tr><td>任务名称</td><td colspan="3">病　毒</td></tr>
<tr><td>意义作用</td><td colspan="3">病毒是最小的微生物，没有细胞结构，只含有一种核酸，没有完整的酶系统，必须在活细胞内寄生。通过对病毒的学习，我们能够掌握病毒是什么？具有哪些基本特征？具有哪些形态结构和理化特性？</td></tr>
<tr><td>任务描述</td><td colspan="3">能够说出病毒概念；掌握病毒的基本特征；简单介绍病毒的形态结构和理化特性。</td></tr>
<tr><td>完成条件</td><td colspan="3">智能手机，多媒体教学设备。</td></tr>
<tr><td rowspan="2">任务资讯</td><td colspan="2">资讯问题</td><td>参考资料</td></tr>
<tr><td colspan="2">1.病毒是什么？
2.病毒的基本特征。
3.病毒的形态结构和理化特性。</td><td>1.周德庆.微生物学教程.2版.北京：高等教育出版社，2012.
2.崔保安.动物微生物学.3版.北京：中国农业大学出版社，2005.
3.胡桂学.兽医微生物学.北京：中国农业大学出版社，2018.</td></tr>
<tr><td rowspan="3">考核标准</td><td>知识考核</td><td>能力考核</td><td>素质考核</td></tr>
<tr><td>1.查阅相关资料，完成资讯问题。
2.准确回答任务测试题。
3.任务总结表书写规范。</td><td>1.能准确说出病毒的概念。
2.能准确说出病毒的基本特征。
3.能准确讲述病毒的形态结构和理化特性。</td><td>1.遵守学习纪律，服从教师指导。
2.团结同学，互帮互助。
3.思路清晰，描述准确。
4.珍爱动物生命。</td></tr>
<tr><td colspan="3">注：在实际考核过程中，教师可根据考核标准确定优秀、良好、及格和不及格。优秀 90～100 分；良好 80～89 分；及格 60～79 分；不及格 60 分以下。</td></tr>
</table>

【任务实施】

任务实施　　任务视频　　任务习题

【任务总结】

任务总结表

类别	内容	要点
任务实施	病毒的概念	什么是病毒?
	病毒的基本特征	病毒的基本特征。
	病毒的形态结构和理化特性	1. 病毒的大小与形态。 2. 病毒的结构。 3. 病毒的化学组成。 4. 病毒的物理性状。 5. 亚病毒的结构。

【任务测试】

1. 课后提交任务总结表。

2. 根据测试结果,指导教师对每位同学做出评价。

【任务小结】

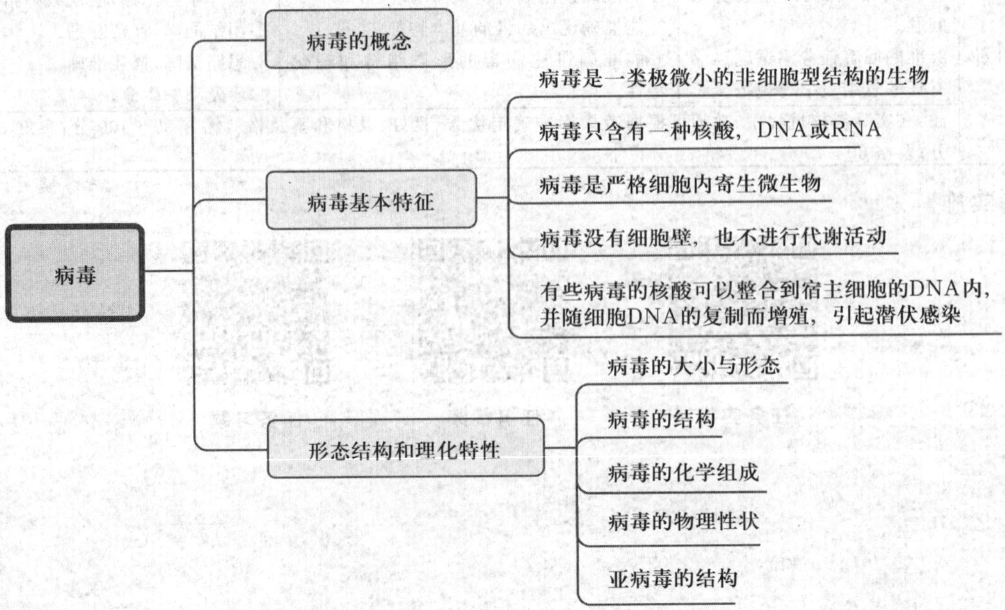

任务二 病毒的增殖与人工培养

【学习目标】

通过本课程的学习，请同学们掌握病毒的增殖与人工培养，能够说出病毒增殖的过程，能够组织语言向同学们介绍病毒的人工培养，可以总结出病毒人工培养中细胞培养的特点、类型、方法，从而形成独立思考问题和自主学习的能力。

【任务分析】

任务单

<table>
<tr><td>任务名称</td><td colspan="3">病毒的增殖与人工培养</td></tr>
<tr><td>意义作用</td><td colspan="3">病毒必须在活细胞内增殖，具有一定的增殖周期，具体过程包括吸附、侵入、脱壳、生物合成、装配和释放。人工培养病毒可以采用鸡胚培养、细胞培养和实验动物培养，应用中需要针对不同病毒的嗜性选择合适的培养方式。</td></tr>
<tr><td>任务描述</td><td colspan="3">能够说出病毒增殖周期的过程；了解病毒的遗传机制的6个基本类型；掌握病毒人工培养中细胞培养的特点、类型、方法。</td></tr>
<tr><td>完成条件</td><td colspan="3">智能手机，多媒体教学设备。</td></tr>
<tr><td rowspan="2">任务资讯</td><td>资讯问题</td><td colspan="2">参考资料</td></tr>
<tr><td>1. 病毒增殖的过程。
2. 人工培养病毒采用的方式。
3. 病毒人工培养中细胞培养的特点、类型、方法。</td><td colspan="2">1. 陆承平. 兽医微生物学. 5版. 北京：中国农业出版社，2013.
2. 刘志恒. 现代微生物学. 北京：科学出版社，2002.
3. 周德庆. 微生物学教程. 2版. 北京：高等教育出版社，2012.</td></tr>
<tr><td rowspan="3">考核标准</td><td>知识考核</td><td>能力考核</td><td>素质考核</td></tr>
<tr><td>1. 查阅相关资料，完成资讯问题。
2. 准确回答任务测试题。
3. 任务总结表书写规范。</td><td>1. 能准确说出病毒增殖的过程。
2. 能准确说出人工培养病毒采用的方式。
3. 能准确讲述病毒人工培养中细胞培养的特点、类型、方法。</td><td>1. 遵守学习纪律，服从教师指导。
2. 团结同学，互帮互助。
3. 思路清晰，描述准确。
4. 珍爱动物生命。</td></tr>
<tr><td colspan="3">注：在实际考核过程中，教师可根据考核标准确定优秀、良好、及格和不及格。优秀90～100分；良好80～89分；及格60～79分；不及格60分以下。</td></tr>
</table>

【任务实施】

任务实施　　任务视频　　任务习题

【任务总结】

任务总结表

类 别	内 容	要 点
任务实施	病毒在活细胞内的增殖	简述病毒增殖的过程。
	人工培养病毒的方式	1. 细胞培养的特点。 2. 细胞培养的类型。 3. 细胞培养的方法。

【任务测试】

1. 课后提交任务总结表。
2. 根据测试结果，指导教师对每位同学做出评价。

【任务小结】

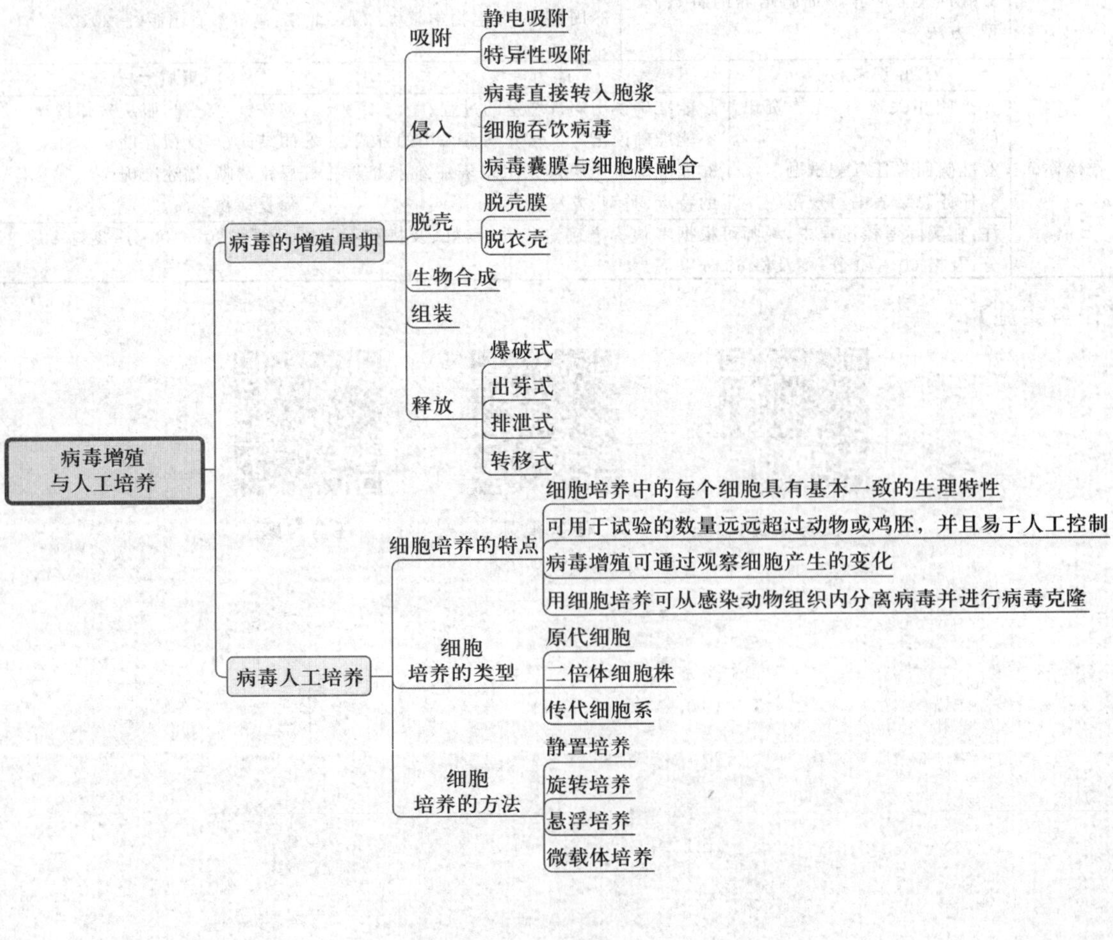

任务三 病毒与细胞的相互作用

【学习目标】

通过本课程的学习,使同学们能够说出病毒与细胞的相互作用,病毒对细胞的影响,并且能够根据病毒与细胞的相互作用,间接验证病毒的存在,培养独立思考,善于归纳总结的能力。

【任务分析】

任务单

<table>
<tr><td>任务名称</td><td colspan="3">病毒与细胞的相互作用</td></tr>
<tr><td>意义作用</td><td colspan="3">病毒在细胞内增殖的同时与细胞之间发生相互作用,引起包括细胞坏死、细胞凋亡、空斑形成、干扰素产生、包涵体形成及红细胞凝集等现象,可以利用这些现象间接验证病毒的存在。</td></tr>
<tr><td>任务描述</td><td colspan="3">能够说出病毒与细胞的相互作用,病毒对细胞造成的影响,病毒的血凝条件,病毒与细胞相互作用的类型,简单介绍病毒血凝现象在实际生活中的应用。</td></tr>
<tr><td>完成条件</td><td colspan="3">智能手机,多媒体教学设备。</td></tr>
<tr><td rowspan="2">任务资讯</td><td colspan="2">资讯问题</td><td>参考资料</td></tr>
<tr><td colspan="2">1. 病毒与细胞的相互作用。
2. 病毒对细胞造成的影响。
3. 病毒与细胞相互作用的类型。
4. 病毒的血凝条件。
5. 简单介绍病毒血凝现象在实际生活中的应用。</td><td>1. 陆承平. 兽医微生物学. 5 版. 北京:中国农业出版社,2013.
2. 崔保安. 动物微生物学. 3 版. 北京:中国农业出版社,2005.
3. 胡桂学. 兽医微生物学. 北京:中国农业大学出版社,2018.</td></tr>
<tr><td rowspan="3">考核标准</td><td>知识考核</td><td>能力考核</td><td>素质考核</td></tr>
<tr><td>1. 查阅相关资料,完成资讯问题。
2. 准确回答任务测试题。
3. 任务总结表书写规范。</td><td>1. 病毒与细胞的相互作用。
2. 病毒对细胞造成的影响。
3. 病毒的血凝条件。
4. 病毒与细胞相互作用的类型。
5. 简单介绍病毒血凝现象在实际生活中的应用。</td><td>1. 遵守学习纪律,服从教师指导。
2. 团结同学,互帮互助。
3. 思路清晰,描述准确。
4. 珍爱动物生命。</td></tr>
<tr><td colspan="3">注:在实际考核过程中,教师可根据考核标准确定优秀、良好、及格和不及格。优秀 90～100 分;良好 80～89 分;及格 60～79 分;不及格 60 分以下。</td></tr>
</table>

【任务实施】

任务实施

任务实施

【任务总结】

任务总结表

类 别	内 容	要 点
任务实施	病毒与细胞的相互作用	病毒对细胞造成的影响。
	病毒与细胞相互作用的类型	1. 按病毒感染后细胞是否死亡分为： 2. 按能否产生和释放子代病毒颗粒分为： 3. 按细胞是否让病毒完成复制过程分为： 4. 按能否持续长时间的感染分为：
	病毒的血凝现象	1. 病毒的血凝条件。 2. 病毒血凝现象的应用。

【任务测试】

1. 课后提交任务总结表。

2. 根据测试结果，指导教师对每位同学做出评价。

【任务小结】

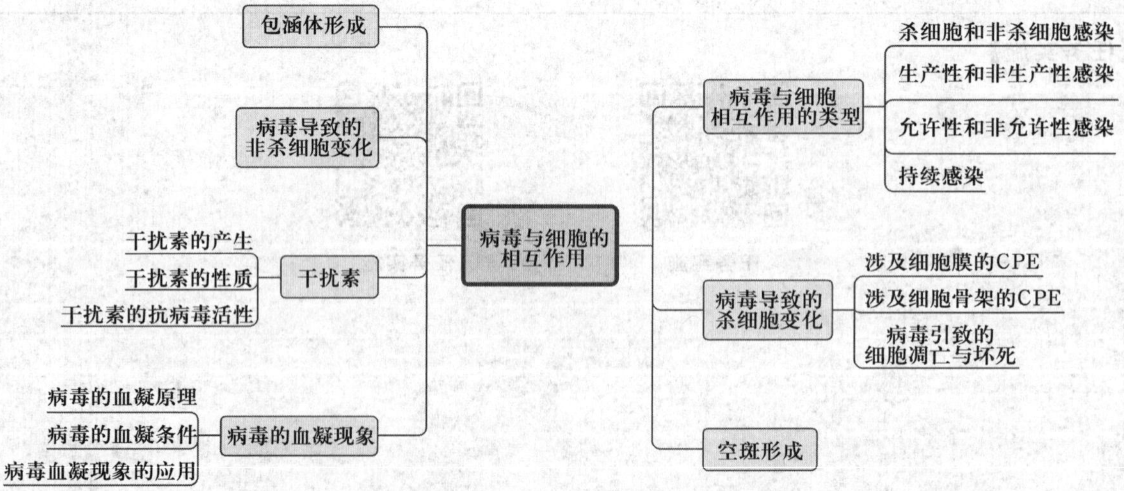

任务四 病毒的微生物学诊断

【学习目标】

通过本课程的学习，请同学们掌握病毒的微生物学诊断，能够掌握如何采集病料、保存和运送病料，能够组织语言向同学们介绍常用的病毒检测的方法，养成独立思考、分析问题与解决问题的能力。

【任务分析】

任务单

<table>
<tr><td>任务名称</td><td colspan="4">病毒的微生物学诊断</td></tr>
<tr><td>意义作用</td><td colspan="4">为了确诊病毒性疾病，我们需要根据临床症状、病理变化等做出大概的判断，但是有些时候还需要进行病毒的微生物学诊断，检测出病例体内的病毒或相应抗体，这就需要我们采集病料、保存和运送病料、掌握常用的病毒检测方法。</td></tr>
<tr><td>任务描述</td><td colspan="4">掌握病料采取的内容；能够说出病毒分离培养的方式；能够说出已接种病毒材料的除菌处理方法；掌握如何检测病毒的方法。</td></tr>
<tr><td>完成条件</td><td colspan="4">智能手机，多媒体教学设备。</td></tr>
<tr><td rowspan="2">任务资讯</td><td colspan="2">资讯问题</td><td colspan="2">参考资料</td></tr>
<tr><td colspan="2">1. 掌握病料采取的内容。
2. 能够说出病毒分离培养的方式。
3. 能够说出已接种病毒材料除菌处理的方法。
4. 掌握如何检测出病毒的方法。</td><td colspan="2">1. 胡建和等. 动物微生物. 北京：科学出版社，2017.
2. 郝民忠. 动物微生物. 2 版. 重庆：重庆大学出版社，2015.</td></tr>
<tr><td rowspan="3">考核标准</td><td>知识考核</td><td colspan="2">能力考核</td><td>素质考核</td></tr>
<tr><td>1. 查阅相关资料，完成资讯问题。
2. 准确回答任务测试题。
3. 任务总结表书写规范。</td><td colspan="2">1. 掌握病料采取的内容。
2. 能够说出病毒分离培养的方式。
3. 能够说出已接种病毒材料的除菌处理的方法。
4. 掌握如何检测出病毒的方法。</td><td>1. 遵守学习纪律，服从教师指导。
2. 团结同学，互帮互助。
3. 思路清晰，描述准确。
4. 珍爱动物生命。</td></tr>
<tr><td colspan="4">注：在实际考核过程中，教师可根据考核标准确定优秀、良好、及格和不及格。优秀 90～100 分；良好 80～89 分；及格 60～79 分；不及格 60 分以下。</td></tr>
</table>

【任务实施】

任务实施　　任务视频　　任务习题

【任务总结】

任务总结表

类　别	内　容	要　点
任务实施	病料的采取	1. 病料采取的时间。 2. 病料采取的部位。 3. 病料的处理与保存。 4. 标本的运送。
	病毒的鉴定	1. 采取何种方法确定病毒的存在？ 2. 对病毒抗原的检测采取何种方法？ 3. 根据不同病原微生物具有特异性核酸序列和结构，可以采取哪种方法检测出病毒？

【任务测试】

1. 课后提交任务总结表。

2. 根据测试结果，指导教师对每位同学做出评价。

【任务小结】

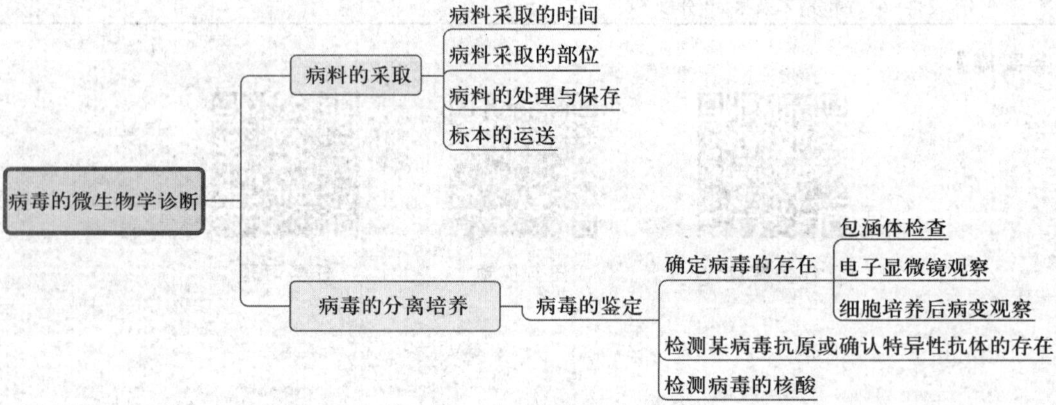

任务五 病毒各论

子任务一 口蹄疫病毒

【学习目标】

通过本次课学习，请同学们掌握什么是口蹄疫病毒，能够说出口蹄疫病毒的生物学特性、抵抗力以及抗原性，能够组织语言向同学们介绍口蹄疫病毒的致病性，并能够总结出如何诊断口蹄疫病毒。

【任务分析】

任务单

<table>
<tr><td>任务名称</td><td colspan="3">口蹄疫病毒</td></tr>
<tr><td>意义作用</td><td colspan="3">口蹄疫病毒是牛、猪、羊等偶蹄动物口蹄疫的病原。口蹄疫流行极广，在世界许多国家时有发生，对畜牧业发展影响很大，是当前世界各国极为重视的家畜传染病之一。</td></tr>
<tr><td>任务描述</td><td colspan="3">能够说出口蹄疫病毒的生物特性；掌握口蹄疫病毒抵抗力；能说出口蹄疫病毒的抗原有哪些类型；掌握口蹄疫病毒致病性；知道采取何种方法能检测出口蹄疫病毒。</td></tr>
<tr><td>完成条件</td><td colspan="3">智能手机，多媒体教学设备</td></tr>
<tr><td rowspan="2">任务资讯</td><td>资讯问题</td><td colspan="2">参考资料</td></tr>
<tr><td>1. 口蹄疫病毒的有哪些生物学特性。
2. 口蹄疫病毒抵抗力。
3. 口蹄疫病毒存在哪些抗原。
4. 掌握口蹄疫病毒致病性。
5. 口蹄疫病毒的检测方法。</td><td colspan="2">1. 陆承平. 兽医微生物学. 5 版. 北京：中国农业出版社，2013.
2. 葛兆宏. 动物微生物. 北京：中国农业出版社，2001.
3. 杨玉平. 动物微生物. 北京. 中国轻工业出版社，2012.</td></tr>
<tr><td rowspan="3">考核标准</td><td>知识考核</td><td>能力考核</td><td>素质考核</td></tr>
<tr><td>1. 查阅相关部分资料，完成资讯问题。
2. 准确回答任务测试题。
3. 任务完成报告书写规范。</td><td>1. 能准确说出口蹄疫病毒生物特性。
2. 能准确说出口蹄疫病毒抵抗力。
3. 能准确讲述口蹄疫病毒存在的抗原。
4. 能描述出口蹄疫病毒致病性。
5. 能独立讲述口蹄疫病毒的检测方法。</td><td>1. 遵守学习纪律，服从教师指导。
2. 团结同学，互帮互助。
3. 思路清晰，描述准确。
4. 珍爱动物生命。</td></tr>
<tr><td colspan="3">注：在实际考核过程中，教师可根据具体的考核标准确定优秀、良好、及格和不及格。优秀 90～100 分；良好 80～89 分；及格 60～79；不及格 60 分以下。</td></tr>
</table>

【任务实施】

任务实施　　任务视频

【任务总结】

任务总结表

类 别	内 容	要 点
任务实施	口蹄疫病毒生物学特性	口蹄疫病毒属于哪个病毒科，哪个病毒属？其直径为？
	口蹄疫病毒抵抗力	1. 口蹄疫病毒对哪些消毒剂敏感？哪些制剂对其没有效果？ 2. 口蹄疫病毒对温度的变化，有何效果？
	口蹄疫病毒抗原	口蹄疫病毒存在哪些抗原？
	口蹄疫病毒致病性	1. 口蹄疫病毒对哪些动物易感？ 2. 患病动物的临诊特点为？
	口蹄疫病毒的检测方法	微生物诊断？

【任务测试】

1. 课后提交任务总结表。
2. 根据测试结果，指导教师对每位同学做出评价。

【任务小结】

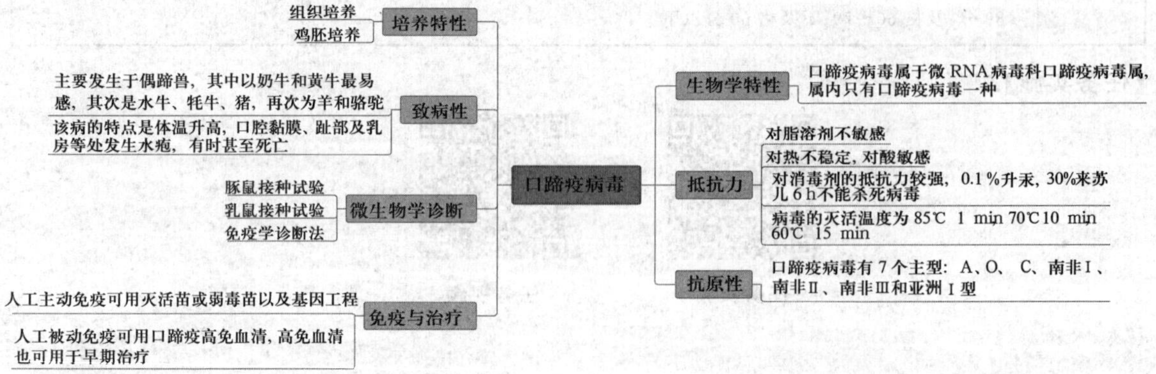

子任务二 狂犬病毒

【学习目标】

通过本课程的学习，请同学们掌握什么是狂犬病毒，能够说出狂犬病毒的生物学特性、抵抗力，能够组织语言向同学们介绍狂犬病毒的致病性，并能够总结出如何检验狂犬病毒。

【任务分析】

任务单

<table>
<tr><td>任务名称</td><td colspan="3">狂犬病毒</td></tr>
<tr><td>意义作用</td><td colspan="3">狂犬病毒是引起人和动物狂犬病的病原，该病在世界各地均有发生，感染的动物和人一旦发病，最终都会死亡。</td></tr>
<tr><td>任务描述</td><td colspan="3">能够说出狂犬病毒的生物特性；掌握狂犬病毒的抵抗力；掌握狂犬病毒的致病性；掌握检测狂犬病毒及狂犬病的免疫与治疗方法。</td></tr>
<tr><td>完成条件</td><td colspan="3">智能手机，多媒体教学设备。</td></tr>
<tr><td rowspan="2">任务资讯</td><td colspan="2">资讯问题</td><td>参考资料</td></tr>
<tr><td colspan="2">1. 狂犬病毒的生物学特性。
2. 狂犬病毒的抵抗力。
3. 狂犬病毒存在的培养特性。
4. 掌握狂犬病毒的致病性。
5. 狂犬病毒的检测方法。
6. 狂犬病毒的免疫与治疗。</td><td>1. 陆承平. 兽医微生物学. 5 版. 北京：中国农业出版社，2013.
2. 黄青云. 畜牧微生物学. 5 版. 北京：中国农业出版社，2009.</td></tr>
<tr><td rowspan="3">考核标准</td><td>知识考核</td><td>能力考核</td><td>素质考核</td></tr>
<tr><td>1. 查阅相关资料，完成资讯问题。
2. 准确回答任务测试题。
3. 任务总结表书写规范。</td><td>1. 狂犬病毒的有哪些生物学特性？
2. 狂犬病毒的抵抗力。
3. 狂犬病毒存在的培养特性。
4. 掌握狂犬病毒的致病性。
5. 狂犬病毒的检测方法。
6. 狂犬病毒的免疫与治疗。</td><td>1. 遵守学习纪律，服从教师指导。
2. 团结同学，互帮互助。
3. 思路清晰，描述准确。
4. 珍爱动物生命。</td></tr>
<tr><td colspan="3">注：在实际考核过程中，教师可根据考核标准确定优秀、良好、及格和不及格。优秀 90～100 分；良好 80～89 分；及格 60～79 分；不及格 60 分以下。</td></tr>
</table>

【任务实施】

任务实施　　任务视频　　任务习题

【任务总结】

任务总结表

类　别	内　容	要　点
任务实施	生物学特性	狂犬病毒属于哪个病毒科，哪个病毒属？
	抵抗力	温度变化对狂犬病毒的影响。
	培养特性	狂犬病毒对不同动物组织的影响。
	致病性	1. 狂犬病毒通过哪些途径感染动物？ 2. 患病动物的临诊特点为：
	检测方法	狂犬病毒的特异性诊断方法。
	免疫与治疗	狂犬病如何进行免疫，采取何种治疗措施？

【任务测试】

1. 课后提交任务总结表。
2. 根据测试结果，指导教师对每位同学做出评价。

【任务小结】

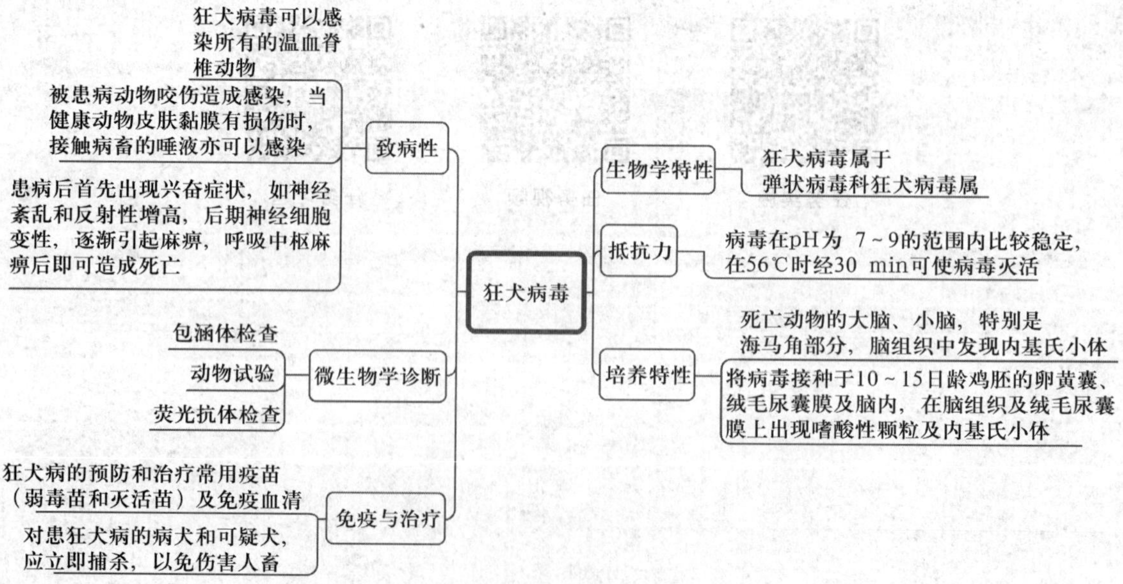

子任务三 伪狂犬病毒

【学习目标】

通过本课程的学习，请同学们掌握什么是伪狂犬病毒，能够说出伪狂犬病毒的生物学特性及抵抗力，能够组织语言向同学们介绍伪狂犬病毒的致病性，并能自我总结出如何检验出伪狂犬病毒。

【任务分析】

任务单

<table>
<tr><td>任务名称</td><td colspan="3">伪狂犬病毒</td></tr>
<tr><td>意义作用</td><td colspan="3">伪狂犬病毒又称猪疱疹病毒Ⅰ型，属于疱疹病毒科疱疹病毒亚科。它是引起多种家畜和野生动物以发热、奇痒及脑脊髓炎为主要症状的一种疱疹病毒。由于本病的临床症状同狂犬病有类似之处，曾被误认为狂犬病，后来才有了“伪狂犬病”这一病名。本病广泛分布于世界各地。</td></tr>
<tr><td>任务描述</td><td colspan="3">能够说出伪狂犬病毒的生物学特性；掌握伪狂犬病毒的抵抗力；掌握伪狂犬病毒的致病性；知道采取何种方法能检测出伪狂犬病毒，知道伪狂犬病毒的免疫与治疗。</td></tr>
<tr><td>完成条件</td><td colspan="3">智能手机，多媒体教学设备。</td></tr>
<tr><td rowspan="2">任务资讯</td><td>资讯问题</td><td colspan="2">参考资料</td></tr>
<tr><td>1. 伪狂犬病毒的生物学特性。
2. 伪狂犬病毒的抵抗力。
3. 掌握伪狂犬病毒的致病性。
4. 伪狂犬病毒的检测方法。
5. 伪狂犬病毒的免疫与治疗。</td><td colspan="2">1. 陆承平. 兽医微生物学. 5 版. 北京：中国农业出版社，2013.
2. 黄青云. 畜牧微生物学. 5 版. 北京：中国农业出版社，2009.</td></tr>
<tr><td rowspan="3">考核标准</td><td>知识考核</td><td>能力考核</td><td>素质考核</td></tr>
<tr><td>1. 查阅相关资料，完成资讯问题。
2. 准确回答任务测试题。
3. 任务总结表书写规范。</td><td>1. 伪狂犬病毒的生物学特性。
2. 伪狂犬病毒的抵抗力。
3. 掌握伪狂犬病毒的致病性。
4. 伪狂犬病毒的检测方法。
5. 伪狂犬病毒的免疫与治疗。</td><td>1. 遵守学习纪律，服从教师指导。
2. 团结同学，互帮互助。
3. 思路清晰，描述准确。
4. 珍爱动物生命。</td></tr>
<tr><td colspan="3">注：在实际考核过程中，教师可根据考核标准确定优秀、良好、及格和不及格。优秀 90～100 分；良好 80～89 分；及格 60～79 分；不及格 60 分以下。</td></tr>
</table>

【任务实施】

任务实施 任务视频 任务习题

【任务总结】

任务总结表

类别	内容	要点
任务实施	生物学特性	伪狂犬病毒属于哪个病毒科，哪个病毒属？
	抵抗力	温度的变化对伪狂犬病毒的影响。
	致病性	1.伪狂犬病毒通过哪些途径感染动物？ 2.患病动物的临诊特点为：
	检测方法	伪狂犬病毒的微生物学诊断方法？
	免疫与治疗	伪狂犬病如何进行免疫，患病动物采取何种治疗措施？

【任务测试】

1.课后提交任务总结表。

2.根据测试结果，指导教师对每位同学做出评价。

【任务小结】

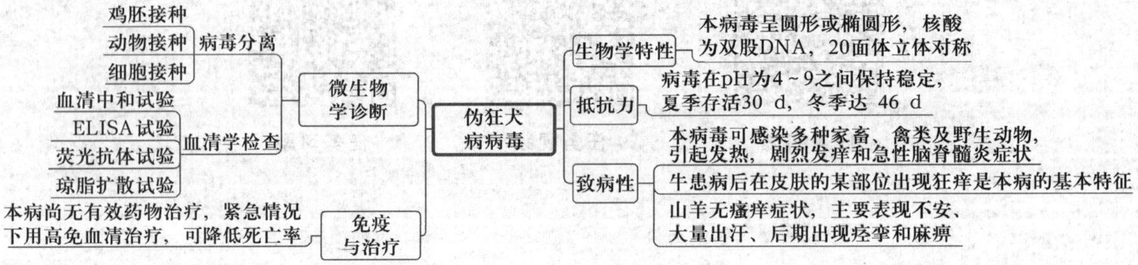

子任务四 猪瘟病毒

【学习目标】

通过本课程的学习，请同学们掌握什么是猪瘟病毒，能够说出猪瘟病毒的生物学特性及抵抗力，能够组织语言向同学们介绍猪瘟病毒的致病性，并能自我总结出如何检验出猪瘟病毒及猪瘟病毒的免疫与治疗。

【任务分析】

任务单

<table>
<tr><td>任务名称</td><td colspan="3">猪瘟病毒</td></tr>
<tr><td>意义作用</td><td colspan="3">猪瘟病毒属于黄病毒科瘟病毒属，是猪瘟的病原体，可以引起各年龄的猪发病。猪瘟病的特征为急性、热性、高度接触性的传染病。该病毒感染后发病率极高，死亡率也很高，有时高达80%～100%，对养猪业造成极为严重的危害。</td></tr>
<tr><td>任务描述</td><td colspan="3">能够说出猪瘟病毒生物学特性；掌握猪瘟病毒抵抗力；掌握猪瘟病毒致病性；知道采取何种方法能检测出猪瘟病毒，知道猪瘟病毒的免疫与治疗。</td></tr>
<tr><td>完成条件</td><td colspan="3">智能手机，多媒体教学设备。</td></tr>
<tr><td rowspan="2">任务资讯</td><td>资讯问题</td><td colspan="2">参考资料</td></tr>
<tr><td>1.猪瘟病毒的生物学特性。
2.猪瘟病毒的抵抗力。
3.猪瘟病毒的致病性。
4.猪瘟病毒的检测方法。
5.猪瘟病毒的免疫与治疗。</td><td colspan="2">1.陆承平.兽医微生物学.5版.北京:中国农业出版社,2013.
2.黄青云.畜牧微生物学.5版.北京:中国农业出版社,2009.</td></tr>
<tr><td rowspan="3">考核标准</td><td>知识考核</td><td>能力考核</td><td>素质考核</td></tr>
<tr><td>1.查阅相关资料，完成资讯问题。
2.准确回答任务测试题。
3.任务总结表书写规范。</td><td>1.猪瘟病毒的生物学特性。
2.猪瘟病毒的抵抗力。
3.猪瘟病毒的致病性。
4.猪瘟病毒的检测方法。
5.猪瘟病毒的免疫与治疗。</td><td>1.遵守学习纪律，服从教师指导。
2.团结同学，互帮互助。
3.思路清晰，描述准确。
4.珍爱动物生命。</td></tr>
<tr><td colspan="3">注：在实际考核过程中，教师可根据考核标准确定优秀、良好、及格和不及格。优秀90～100分；良好80～89分；及格60～79分；不及格60分以下。</td></tr>
</table>

【任务实施】

任务实施　　任务视频　　任务习题

【任务总结】

任务总结表

类 别	内 容	要 点
任务实施	生物学特性	猪瘟病毒属于哪个病毒科，哪个病毒属？
	抵抗力	1. 外界温度的变化对猪瘟病毒的影响。 2. 消毒剂对猪瘟病毒有何影响？
	致病性	猪瘟病毒对哪些动物易感？
	检测方法	猪瘟病毒的微生物学诊断方法。
	免疫与治疗	猪瘟病毒病如何进行免疫，患病动物采取何种治疗措施？

【任务测试】

1. 课后提交任务总结表。

2. 根据测试结果，指导教师对每位同学做出评价。

【任务小结】

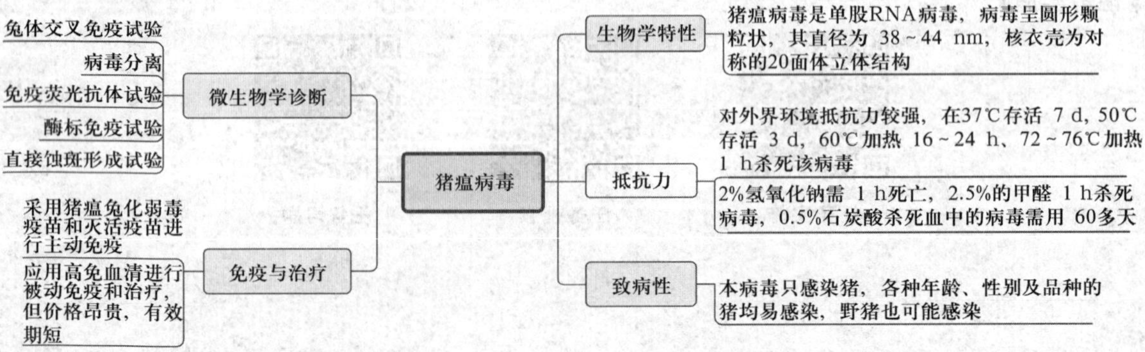

子任务五 猪繁殖与呼吸综合征病毒

【学习目标】

通过本课程的学习，请同学们掌握什么是猪繁殖与呼吸综合征病毒，能够说出猪繁殖与呼吸综合征病毒的生物学特性及抵抗力，能够组织语言向同学们介绍猪繁殖与呼吸综合征病毒的致病性，并能总结出如何检验猪繁殖与呼吸综合征病毒及猪繁殖与呼吸综合征病毒的免疫与治疗。

【任务分析】

任务单

<table>
<tr><td>任务名称</td><td colspan="3">猪繁殖与呼吸综合征病毒</td></tr>
<tr><td>意义作用</td><td colspan="3">猪繁殖与呼吸综合征病毒是引起猪繁殖与呼吸综合征的病原，属动脉炎病毒科动脉炎病毒属。本病于 1987 年在美国西部首先发现，后来在加拿大、德国、法国、荷兰、比利时、英国、西班牙、希腊、澳大利亚等国都有报道。病毒在未分离鉴定之前，曾称本病为猪神秘病，又因患病猪的耳朵等处发绀变蓝，故又称“猪蓝耳病”。</td></tr>
<tr><td>任务描述</td><td colspan="3">能够说出猪繁殖与呼吸综合征病毒的生物学特性；掌握猪繁殖与呼吸综合征病毒的抵抗力；掌握猪繁殖与呼吸综合征病毒的致病性；知道采取何种方法能检测出猪繁殖与呼吸综合征病毒；知道猪繁殖与呼吸综合征病毒的免疫与治疗。</td></tr>
<tr><td>完成条件</td><td colspan="3">智能手机，多媒体教学设备。</td></tr>
<tr><td rowspan="2">任务资讯</td><td>资讯问题</td><td colspan="2">参考资料</td></tr>
<tr><td>1. 猪繁殖与呼吸综合征病毒的生物学特性。
2. 猪繁殖与呼吸综合征病毒的抵抗力。
3. 猪繁殖与呼吸综合征病毒的致病性。
4. 猪繁殖与呼吸综合征病毒的检测方法。
5. 猪繁殖与呼吸综合征病毒的免疫与治疗。</td><td colspan="2">1. 陆承平. 兽医微生物学. 5 版. 北京：中国农业出版社，2013.
2. 黄青云. 畜牧微生物学. 5 版. 北京：中国农业出版社，2009.</td></tr>
<tr><td rowspan="3">考核标准</td><td>知识考核</td><td>能力考核</td><td>素质考核</td></tr>
<tr><td>1. 查阅相关资料，完成资讯问题。
2. 准确回答任务测试题。
3. 任务总结表书写规范。</td><td>1. 猪繁殖与呼吸综合征病毒的生物学特性。
2. 猪繁殖与呼吸综合征病毒的抵抗力。
3. 猪繁殖与呼吸综合征病毒的致病性。
4. 猪繁殖与呼吸综合征病毒的检测方法。
5. 猪繁殖与呼吸综合征病毒的免疫与治疗。</td><td>1. 遵守学习纪律，服从教师指导。
2. 团结同学，互帮互助。
3. 思路清晰，描述准确。
4. 珍爱动物生命。</td></tr>
<tr><td colspan="3">注：在实际考核过程中，教师可根据考核标准确定优秀、良好、及格和不及格。优秀 90～100 分；良好 80～89 分；及格 60～79 分；不及格 60 分以下。</td></tr>
</table>

【任务实施】

任务实施

任务习题

【任务总结】

任务总结表

类别	内容	要点
任务实施	生物学特性	猪繁殖与呼吸综合征病毒属于哪个病毒科，哪个病毒属？
	抵抗力	1. 外界温度的变化对猪繁殖与呼吸综合征病毒有何影响？ 2. 猪繁殖与呼吸综合征病毒对外界的酸碱度变化有何效果？
	致病性	1. 猪繁殖与呼吸综合征病毒对哪些动物易感染？ 2. 患病动物临诊症状。
	检测方法	猪繁殖与呼吸综合征病毒微生物学诊断方法。
	免疫与治疗	猪繁殖与呼吸综合征病毒病如何进行免疫，患病动物采取何种治疗措施？

【任务测试】

1. 课后提交任务总结表。

2. 根据测试结果，指导教师对每位同学做出评价。

【任务小结】

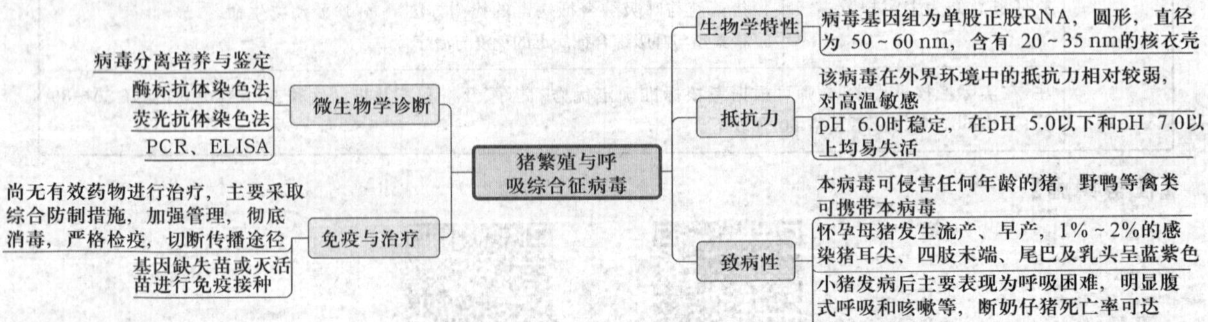

子任务六 猪细小病毒

【学习目标】

通过本课程的学习，请同学们掌握什么是猪细小病毒，能够说出猪细小病毒的生物学特性、抵抗力，能够组织语言向同学们介绍猪细小病毒的致病性，并能总结出如何检验猪细小病毒及猪细小病毒的免疫与治疗。

【任务分析】

任务单

<table>
<tr><td>任务名称</td><td colspan="6">猪细小病毒</td></tr>
<tr><td>意义作用</td><td colspan="6">猪细小病毒属于细小病毒科细小病毒属，是引起猪细小病毒病（又称猪繁殖障碍病）的病原。主要侵害母猪。母猪（特别是初产母猪）受感染后产出死胎、畸形胎、木乃伊胎或病弱仔猪，偶有流产，但母猪本身无明显症状。</td></tr>
<tr><td>任务描述</td><td colspan="6">能够说出猪细小病毒的生物学特性；掌握猪细小病毒的抵抗力；掌握猪细小病毒的致病性；知道采取何种方法能检测出猪细小病毒；知道猪细小病毒免疫与治疗。</td></tr>
<tr><td>完成条件</td><td colspan="6">智能手机，多媒体教学设备。</td></tr>
<tr><td rowspan="2">任务资讯</td><td colspan="3">资讯问题</td><td colspan="3">参考资料</td></tr>
<tr><td colspan="3">1.猪细小病毒的生物学特性。
2.猪细小病毒的抵抗力。
3.猪细小病毒的致病性。
4.猪细小病毒的检测方法。
5.猪细小病毒的免疫与治疗。</td><td colspan="3">1.陆承平.兽医微生物学.5版.北京：中国农业出版社，2013.
2.黄青云.畜牧微生物学.5版.北京：中国农业出版社，2009.</td></tr>
<tr><td rowspan="3">考核标准</td><td colspan="2">知识考核</td><td colspan="2">能力考核</td><td colspan="2">素质考核</td></tr>
<tr><td colspan="2">1.查阅相关资料，完成资讯问题。
2.准确回答任务测试题。
3.任务总结表书写规范。</td><td colspan="2">1.猪细小病毒的生物学特性。
2.猪细小病毒的抵抗力。
3.猪细小病毒的致病性。
4.猪细小病毒的检测方法。
5.猪细小病毒的免疫与治疗。</td><td colspan="2">1.遵守学习纪律，服从教师指导。
2.团结同学，互帮互助。
3.思路清晰，描述准确。
4.珍爱动物生命。</td></tr>
<tr><td colspan="6">注：在实际考核过程中，教师可根据考核标准确定优秀、良好、及格和不及格。优秀90～100分；良好80～89分；及格60～79分；不及格60分以下。</td></tr>
</table>

【任务实施】

任务实施　　任务视频　　任务习题

【任务总结】

任务总结表

类别	内容	要点
任务实施	生物学特性	猪细小病毒的具体形态。
	抵抗力	1. 外界温度的变化对猪细小病毒的影响？ 2. 消毒剂对猪细小病毒有何影响？
	致病性	1. 猪细小病毒对哪些动物易感染？ 2. 猪细小病毒病的传播途径。 3. 患病动物的临诊症状。
	检测方法	猪细小病毒的微生物学诊断方法。
	免疫与治疗	猪细小病毒病如何进行免疫，患病动物采取何种治疗措施？

【任务测试】

1. 课后提交任务总结表。

2. 根据测试结果，指导教师对每位同学做出评价。

【任务小结】

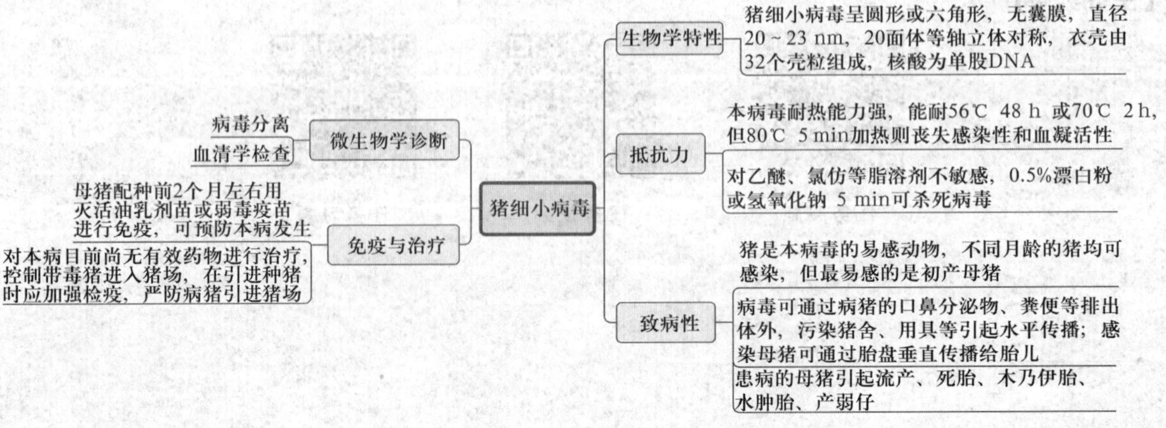

子任务七 猪圆环病毒

【学习目标】

通过本课程的学习，请同学们掌握什么是猪圆环病毒，能够说出猪圆环病毒的生物学特性及抵抗力，能够组织语言向同学们介绍猪圆环病毒的致病性，并能总结出如何检验猪圆环病毒及猪圆环病毒的免疫与治疗。

【任务分析】

任务单

<table>
<tr><td>任务名称</td><td colspan="3">猪圆环病毒</td></tr>
<tr><td>意义作用</td><td colspan="3">猪圆环病毒是一种圆形小颗粒病毒，属圆环病毒科圆环病毒属。猪圆环病毒存在两种血清型，即 PCV-1 和 PCV-2，PCV-1 无致病性，PCV-2 是引起猪断奶后多系统衰竭综合征的病原体。该病主要发生在仔猪，一般在断奶后 2～3 周开始发病，主要特征为进行性消瘦，皮肤苍白或黄疸，呼吸急促等。</td></tr>
<tr><td>任务描述</td><td colspan="3">能够说出猪圆环病毒的生物学特性；掌握猪圆环病毒抵抗力；掌握猪圆环病毒致病性；知道采取何种方法能检测出猪圆环病毒；知道猪圆环病毒免疫与治疗。</td></tr>
<tr><td>完成条件</td><td colspan="3">智能手机，多媒体教学设备。</td></tr>
<tr><td rowspan="2">任务资讯</td><td colspan="2">资讯问题</td><td>参考资料</td></tr>
<tr><td colspan="2">1. 猪圆环病毒的生物学特性。
2. 猪圆环病毒的抵抗力。
3. 猪圆环病毒的致病性。
4. 猪圆环病毒的检测方法。
5. 猪圆环病毒的免疫与治疗。</td><td>1. 陆承平. 兽医微生物学. 5 版. 北京：中国农业出版社，2013.
2. 黄青云. 畜牧微生物学. 5 版. 北京：中国农业出版社，2009.</td></tr>
<tr><td rowspan="3">考核标准</td><td>知识考核</td><td>能力考核</td><td>素质考核</td></tr>
<tr><td>1. 查阅相关资料，完成资讯问题。
2. 准确回答任务测试题。
3. 任务总结表书写规范。</td><td>1. 猪圆环病毒的生物学特性。
2. 猪圆环病毒的抵抗力。
3. 猪圆环病毒的致病性。
4. 猪圆环病毒的检测方法。
5. 猪圆环病毒的免疫与治疗。</td><td>1. 遵守学习纪律，服从教师指导。
2. 团结同学，互帮互助。
3. 思路清晰，描述准确。
4. 珍爱动物生命。</td></tr>
<tr><td colspan="3">注：在实际考核过程中，教师可根据考核标准确定优秀、良好、及格和不及格。优秀 90～100 分；良好 80～89 分；及格 60～79 分；不及格 60 分以下。</td></tr>
</table>

【任务实施】

任务实施　　任务习题

【任务总结】

任务总结表

类别	内容	要点
任务实施	生物学特性	猪圆环病毒的具体形态。
	抵抗力	1. 外界温度的变化对猪圆环病毒的影响。 2. 消毒剂对猪圆环病毒有何效果？
	致病性	1. 猪圆环病毒对哪些动物易感染？ 2. 猪圆环病毒病传播途径。 3. 患病动物的临诊症状。
	检测方法	猪圆环病毒的微生物学诊断方法。
	免疫与治疗	猪圆环病毒病如何进行免疫，患病动物采取何种治疗措施？

【任务测试】

1. 课后提交任务总结表。

2. 根据测试结果，指导教师对每位同学做出评价。

【任务小结】

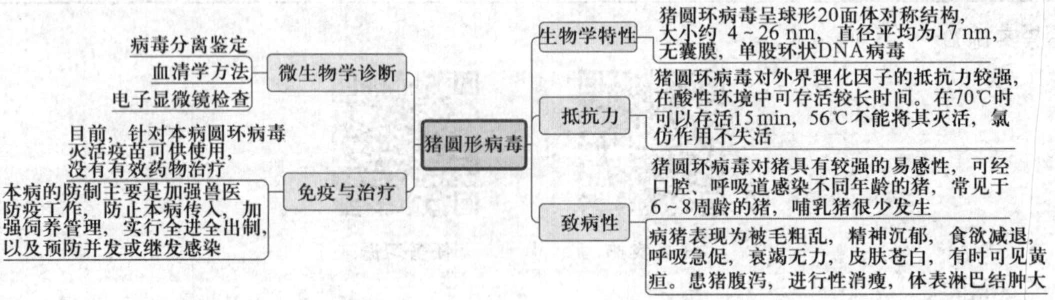

子任务八 禽流感病毒

【学习目标】

通过本课程的学习，请同学们掌握禽流感病毒的生物学特性、抗原性、抵抗力、培养特性、致病性、微生物学诊断、免疫与治疗。

【任务分析】

任务单

<table>
<tr><td>任务名称</td><td colspan="3">禽流感病毒</td></tr>
<tr><td>意义作用</td><td colspan="3">禽流感的暴发流行给养禽业造成巨大的经济损失。禽流感已经被世界动物卫生组织（OIE）定为A类传染病，并被列入国际生物武器公约动物类传染病名单中。通过对禽流感的学习，我们能够掌握禽流行性感冒病毒的生物学特性、抗原性、抵抗力、培养特性、致病性、微生物学诊断、免疫与治疗。因为高致病性禽流感属于人兽共患病，所以同学们在临床中，要注意防护。</td></tr>
<tr><td>任务描述</td><td colspan="3">禽流感病毒的生物学特性、抗原性、抵抗力、培养特性、致病性、微生物学诊断、免疫与治疗。</td></tr>
<tr><td>完成条件</td><td colspan="3">智能手机，多媒体教学设备。</td></tr>
<tr><td rowspan="2">任务资讯</td><td>资讯问题</td><td colspan="2">参考资料</td></tr>
<tr><td>1. 禽流感病毒的形态。
2. 禽流感的临床症状和变化。
3. 禽流感病毒的培养特性。
4. 微生物学诊断常用的血清学方法。</td><td colspan="2">1. 陆承平. 兽医微生物学. 5版. 北京：中国农业出版社，2013.
2. 黄青云. 畜牧微生物学. 5版. 北京：中国农业出版社，2013.</td></tr>
<tr><td rowspan="3">考核标准</td><td>知识考核</td><td>能力考核</td><td>素质考核</td></tr>
<tr><td>1. 查阅相关资料，完成资讯问题。
2. 准确回答任务测试题。
3. 任务总结表书写规范。</td><td>1. 能准确说出禽流感病毒的形态。
2. 能准确说出禽流感的临床症状和病理变化。
3. 能准确讲述禽流感病毒的培养细胞和特性。
4. 能描述禽流感常用的血清学方法。</td><td>1. 遵守学习纪律，服从教师指导。
2. 团结同学，互帮互助。
3. 思路清晰，描述准确。
4. 珍爱动物生命。</td></tr>
<tr><td colspan="3">注：在实际考核过程中，教师可根据考核标准确定优秀、良好、及格和不及格。优秀90～100分；良好80～89分；及格60～79分；不及格60分以下。</td></tr>
</table>

【任务实施】

任务实施　　任务视频　　任务习题

【任务总结】

任务总结表

类别	内容	要点
任务实施	生物学特性	1. 禽流感病毒属于什么科？什么属？ 2. 禽流感病毒囊膜上的纤突包括哪几类？
	抗原性	禽流感病毒如何分型？
	培养特性	培养禽流感病毒，选用的鸡胚条件，在哪种细胞上培养？
	致病性	禽流感病毒引起的临床症状和病理变化是什么？
	微生物学诊断	禽流感病毒如何做病原分离鉴定，常用的血清学检查是什么？
	免疫与治疗	禽流感病毒常用的疫苗及防治方法。

【任务测试】

1. 课后提交任务总结表。

2. 根据测试结果，指导教师对每位同学做出评价。

【任务小结】

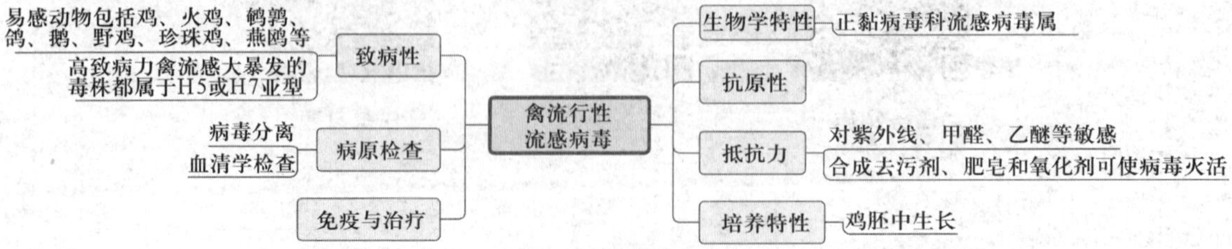

子任务九 新城疫病毒

【学习目标】

通过本课程的学习，请同学们掌握新城疫病毒的生物学特性、抗原性、抵抗力、培养特性、致病性、微生物学诊断、免疫与治疗，能够组织语言向其他同学介绍新城疫病的相关特性。

【任务分析】

任务单

<table>
<tr><td>任务名称</td><td colspan="3">新城疫病毒</td></tr>
<tr><td>意义作用</td><td colspan="3">新城疫病毒是一种引起急性发热性、高度接触性的传染病，常呈败血性经过，出现以呼吸困难、下痢、神经机能紊乱、黏膜和浆膜出血等症状和病变。通过对新城疫病毒的学习，我们能够掌握新城疫病毒的生物学特性、抗原性、抵抗力、培养特性、致病性、微生物学诊断、免疫与治疗。</td></tr>
<tr><td>任务描述</td><td colspan="3">新城疫病毒的生物学特性、抗原性、抵抗力、培养特性、致病性、微生物学诊断、免疫与治疗。</td></tr>
<tr><td>完成条件</td><td colspan="3">智能手机，多媒体教学设备。</td></tr>
<tr><td rowspan="2">任务资讯</td><td>资讯问题</td><td colspan="2">参考资料</td></tr>
<tr><td>1. 新城疫病毒的形态。
2. 新城疫病毒的临床症状和病理变化。
3. 新城疫病毒的培养特性。
4. 微生物学诊断常用的血清学方法。</td><td colspan="2">1. 陆承平. 兽医微生物学. 5 版. 北京：中国农业出版社，2013.
2. 黄青云. 畜牧微生物学. 5 版. 北京：中国农业出版社，2009.</td></tr>
<tr><td rowspan="3">考核标准</td><td>知识考核</td><td>能力考核</td><td>素质考核</td></tr>
<tr><td>1. 查阅相关资料，完成资讯问题。
2. 准确回答任务测试题。
3. 任务总结表书写规范。</td><td>1. 能准确说出新城疫病毒形态。
2. 能准确说出新城疫病毒的临床症状和病理变化。
3. 能准确讲述新城疫病毒的培养细胞和特性。
4. 能描述新城疫病毒常用血清学方法。</td><td>1. 遵守学习纪律，服从教师指导。
2. 团结同学，互帮互助。
3. 思路清晰，描述准确。
4. 珍爱动物生命。</td></tr>
<tr><td colspan="3">注：在实际考核过程中，教师可根据考核标准确定优秀、良好、及格和不及格。优秀 90～100 分；良好 80～89 分；及格 60～79 分；不及格 60 分以下。</td></tr>
</table>

【任务实施】

任务实施　　任务视频　　任务习题

【任务总结】

任务总结表

类别	内容	要点
任务实施	生物学特性	1.新城疫病毒属于什么科？什么属？ 2.新城疫病毒能否凝集红细胞？
	抗原性	新城疫病毒如何分型？
	培养特性	培养新城疫病毒，选用的鸡胚条件有哪些？在哪种细胞上培养？
	致病性	1.新城疫病毒引起的临床症状和病理变化是什么？如何进行禽流感的鉴别诊断？ 2.新城疫病毒分的五个型是什么？
	微生物学诊断	新城疫病毒如何做病原分离鉴定，常用的血清学检查是什么？
	免疫与治疗	新城疫病毒常用的疫苗及防治方法。

【任务测试】

1.课后提交任务总结表。

2.根据测试结果，指导教师对每位同学做出评价。

【任务小结】

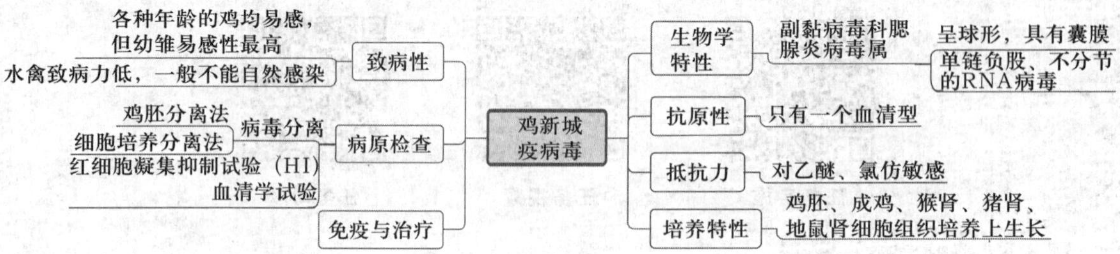

子任务十 鸡传染性支气管炎病毒

【学习目标】

通过本课程的学习，请同学们掌握鸡传染性支气管炎病毒的生物学特性、抗原性、抵抗力、培养特性、致病性、微生物学诊断、免疫与治疗，能够组织语言向其他同学介绍鸡传染性喉气管炎病毒的相关特性。

【任务分析】

任务单

<table>
<tr><td>任务名称</td><td colspan="3">鸡传染性支气管炎病毒</td></tr>
<tr><td>意义作用</td><td colspan="3">IBV 是由传染性支气管炎病毒(IBV)引起鸡的一种急性、高度接触性呼吸道疾病。目前，传染性支气管炎已成为严重危害养鸡业的几种主要禽病之一。通过对传染性支气管炎病毒的学习，我们能够掌握传染性支气管炎病毒的生物学特性、抗原性、抵抗力、培养特性、致病性、微生物学诊断、免疫与治疗。</td></tr>
<tr><td>任务描述</td><td colspan="3">鸡传染性支气管炎病毒的生物学特性、抗原性、抵抗力、培养特性、致病性、微生物学诊断、免疫与治疗。</td></tr>
<tr><td>完成条件</td><td colspan="3">智能手机，多媒体教学设备。</td></tr>
<tr><td rowspan="2">任务资讯</td><td>资讯问题</td><td colspan="2">参考资料</td></tr>
<tr><td>1. 鸡传染性支气管炎病毒的形态。
2. 鸡传染性支气管炎的临床症状和病理变化。
3. 鸡传染性支气管炎病毒的培养特性。
4. 鸡微生物学诊断常用的血清学方法。</td><td colspan="2">1. 陆承平. 兽医微生物学. 5 版. 北京：中国农业出版社，2013.
2. 黄青云. 畜牧微生物学. 5 版. 北京：中国农业出版社，2009.</td></tr>
<tr><td rowspan="3">考核标准</td><td>知识考核</td><td>能力考核</td><td>素质考核</td></tr>
<tr><td>1. 查阅相关资料，完成资讯问题。
2. 准确回答任务测试题。
3. 任务总结表书写规范。</td><td>1. 能准确说出鸡传染性支气管炎的病毒形态。
2. 能准确说出鸡传染性支气管炎的临床症状和病理变化。
3. 能准确讲述鸡传染性支气管炎病毒的培养细胞和特性。
4. 能描述鸡传染性支气管炎病毒的常用血清学方法。</td><td>1. 遵守学习纪律，服从教师指导。
2. 团结同学，互帮互助。
3. 思路清晰，描述准确。
4. 珍爱动物生命。</td></tr>
<tr><td colspan="3">注：在实际考核过程中，教师可根据考核标准确定优秀、良好、及格和不及格。优秀 90～100 分；良好 80～89 分；及格 60～79 分；不及格 60 分以下。</td></tr>
</table>

【任务实施】

任务实施　　任务视频　　任务习题

【任务总结】

任务总结表

类　别	内　容	要　点
任务实施	生物学特性	1. 鸡传染性支气管炎病毒属于什么科？什么属？ 2. 传染血凝性有什么特点？
	抗原性	鸡传染性支气管炎病毒如何分型？
	培养特性	培养鸡传染性支气管炎病毒，选用的鸡胚条件、攻毒的鸡胚有什么特点？
	致病性	鸡传染性支气管炎病毒引起的临床症状和病理变化是什么？
	微生物学诊断	鸡传染性支气管炎病毒如何做病原分离鉴定，常用的血清学检查是什么？
	免疫与治疗	鸡传染性支气管炎病毒常用的疫苗、免疫途径及防治方法。

【任务测试】

1. 课后提交任务总结表。

2. 根据测试结果，指导教师对每位同学做出评价。

【任务小结】

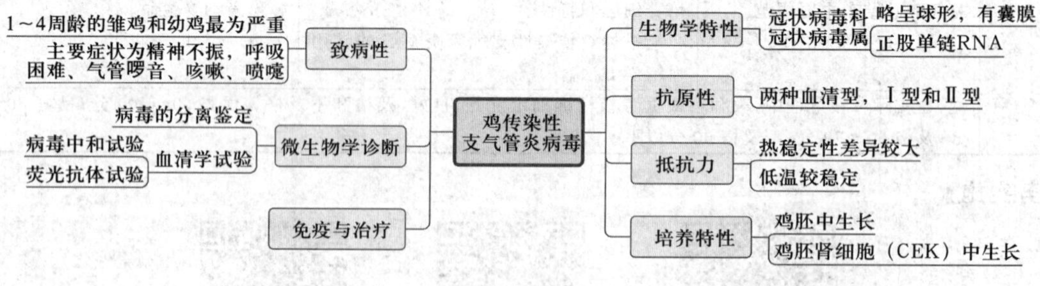

子任务十一 鸡传染性喉气管炎病毒

【学习目标】

通过本课程的学习，请同学们掌握鸡传染性喉气管炎病毒的生物学特性、抗原性、抵抗力、培养特性、致病性、微生物学诊断、免疫与治疗，能够组织语言向其他同学介绍鸡传染性喉气管炎病毒的相关特性。

【任务分析】

任务单

<table>
<tr><td>任务名称</td><td colspan="3">鸡传染性喉气管炎病毒</td></tr>
<tr><td>意义作用</td><td colspan="3">鸡传染性喉气管炎病毒的暴发流行给养禽业造成巨大的经济损失。该病毒引起的急性疾病，以呼吸困难、气喘、咳出血样渗出物为特征，受侵害的气管黏膜细胞肿胀与水肿，导致糜烂和出血。该病能使鸡产蛋量下降并导致死亡率增加。通过对鸡传染性喉气管炎病毒的学习，我们能够掌握鸡传染性喉气管炎病毒的生物学特性、抗原性、抵抗力、培养特性、致病性、微生物学诊断、免疫与治疗。</td></tr>
<tr><td>任务描述</td><td colspan="3">鸡传染性喉气管炎病毒的生物学特性、抗原性、抵抗力、培养特性、致病性、微生物学诊断、免疫与治疗。</td></tr>
<tr><td>完成条件</td><td colspan="3">智能手机，多媒体教学设备。</td></tr>
<tr><td rowspan="2">任务资讯</td><td>资讯问题</td><td colspan="2">参考资料</td></tr>
<tr><td>1.鸡传染性喉气管炎病毒的形态。
2.鸡传染性喉气管炎病毒的临床症状和变化。
3.鸡传染性喉气管炎病毒的培养特性。
4.微生物学诊断常用的血清学方法。</td><td colspan="2">1.陆承平.兽医微生物学.5版.北京：中国农业出版社，2013.
2.黄青云.畜牧微生物学.5版.北京：中国农业出版社，2009.</td></tr>
<tr><td rowspan="3">考核标准</td><td>知识考核</td><td>能力考核</td><td>素质考核</td></tr>
<tr><td>1.查阅相关资料，完成资讯问题。
2.准确回答任务测试题。
3.任务总结表书写规范。</td><td>1.能准确说出鸡传染性喉气管炎病毒形态。
2.能准确说出鸡传染性喉气管炎临床症状和病理变化。
3.能准确讲述鸡传染性喉气管炎病毒的培养细胞和特性。
4.能描述鸡传染性喉气管炎病毒常用血清学方法。</td><td>1.遵守学习纪律，服从教师指导。
2.团结同学，互帮互助。
3.思路清晰，描述准确。
4.珍爱动物生命。</td></tr>
<tr><td colspan="3">注：在实际考核过程中，教师可根据考核标准确定优秀、良好、及格和不及格。优秀 90～100 分；良好 80～89 分；及格 60～79 分；不及格 60 分以下。</td></tr>
</table>

【任务实施】

任务实施　　任务视频　　任务习题

【任务总结】

任务总结表

类　别	内　容	要　点
任务实施	生物学特性	鸡传染性喉气管炎病毒属于什么科？什么属？
	培养特性	培养鸡传染性喉气管炎病毒选用的鸡胚条件，在哪种细胞上培养？
	致病性	鸡传染性喉气管炎病毒引起的临床症状和病理变化是什么？
	微生物学诊断	鸡传染性喉气管炎病毒如何做病原分离鉴定，常用的血清学检查是什么？
	免疫与治疗	鸡传染性喉气管炎病毒常用的疫苗及防治方法。

【任务测试】

1. 课后提交任务总结表。

2. 根据测试结果，指导教师对每位同学做出评价。

【任务小结】

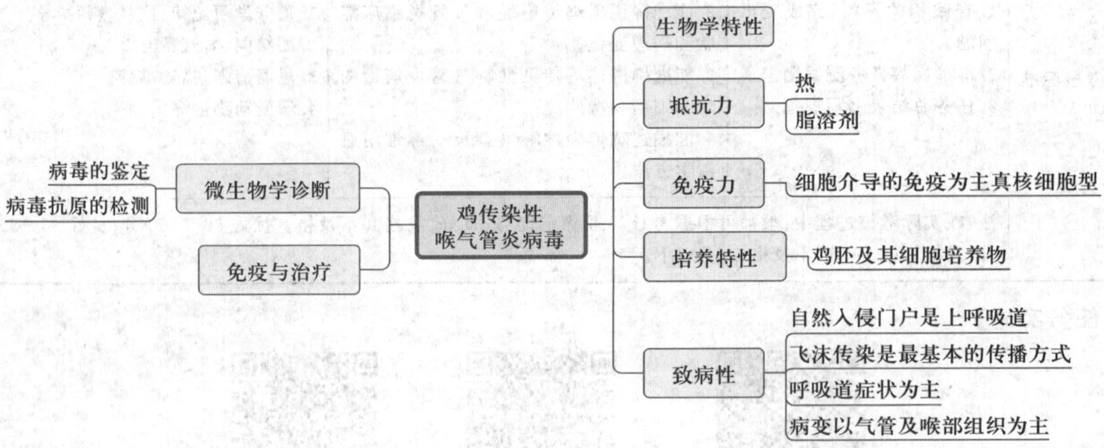

子任务十二 鸡传染性法氏囊病毒

【学习目标】

通过本课程的学习，请同学们掌握鸡传染性法氏囊病病毒的生物学特性、抗原性、抵抗力、培养特性、致病性、微生物学诊断、免疫与治疗，能够组织语言向其他同学介绍鸡传染性法氏囊病毒的相关特性。

【任务分析】

任务单

<table>
<tr><td>任务名称</td><td colspan="3">传染性法氏囊病毒</td></tr>
<tr><td>意义作用</td><td colspan="3">鸡传染性法氏囊病毒引起鸡的传染性法氏囊病。传染性法氏囊病，又称甘保罗病，是鸡的一种以淋巴组织坏死为主要特征的急性病毒性传染病，是一种免疫抑制性疾病。临床诊断上以法氏囊肿大、出血，肌肉出血和肾脏肿胀并有尿酸盐沉积为特征。通过对鸡传染性法氏囊病病毒的学习，我们能够掌握鸡传染性法氏囊病病毒的生物学特性、抗原性、抵抗力、培养特性、致病性、微生物学诊断、免疫与治疗。</td></tr>
<tr><td>任务描述</td><td colspan="3">鸡传染性法氏囊病毒的生物学特性、抗原性、抵抗力、培养特性、致病性、微生物学诊断、免疫与治疗。</td></tr>
<tr><td>完成条件</td><td colspan="3">智能手机，多媒体教学设备。</td></tr>
<tr><td rowspan="2">任务资讯</td><td>资讯问题</td><td colspan="2">参考资料</td></tr>
<tr><td>1.鸡传染性法氏囊病毒的形态。
2.鸡传染性法氏囊病的临床症状和病理变化。
3,鸡传染性法氏囊病毒的培养特性。
4.微生物学诊断常用的血清学方法。</td><td colspan="2">1.陆承平.兽医微生物学.5版.北京：中国农业出版社，2013.
2.黄青云.畜牧微生物学.5版.北京：中国农业出版社，2009.</td></tr>
<tr><td rowspan="3">考核标准</td><td>知识考核</td><td>能力考核</td><td>素质考核</td></tr>
<tr><td>1.查阅相关资料，完成资讯问题。
2.准确回答任务测试题。
3.任务总结表书写规范。</td><td>1.能准确说出鸡传染性法氏囊病毒形态。
2.能准确说出鸡传染性法氏囊病临床症状和病理变化。
3.能准确讲述鸡传染性法氏囊病毒的培养细胞和特性。
4.能描述鸡传染性法氏囊病毒常用血清学方法。</td><td>1.遵守学习纪律，服从教师指导。
2.团结同学，互帮互助。
3.思路清晰，描述准确。
4.珍爱动物生命。</td></tr>
<tr><td colspan="3">注：在实际考核过程中，教师可根据考核标准确定优秀、良好、及格和不及格。优秀 90～100 分；良好 80～89 分；及格 60～79 分；不及格 60 分以下。</td></tr>
</table>

【任务实施】

任务实施　　任务视频　　任务习题

【任务总结】

任务总结表

类　别	内　容	要　点
任务实施	生物学特性	1.鸡传染性法氏囊病病毒属于什么科？什么属？ 2.病毒的传播途径是什么？
	抗原性	鸡传染性法氏囊病病毒如何分型？
	培养特性	培养鸡传染性法氏囊病病毒选用的鸡胚条件有哪些？在哪种细胞上培养？
	致病性	鸡传染性法氏囊病病毒引起的临床症状和病理变化是什么？
	微生物学诊断	鸡传染性法氏囊病病毒如何做病原分离鉴定，常用的血清学检查是什么？
	免疫与治疗	鸡传染性法氏囊病病毒常用的疫苗及防治方法。

【任务测试】

1.课后提交任务总结表。

2.根据测试结果，指导教师对每位同学做出评价。

【任务小结】

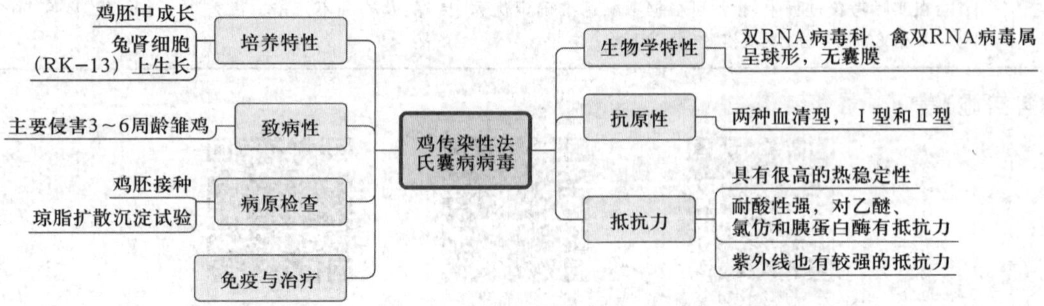

子任务十三 马立克氏病毒

【学习目标】

通过本课程的学习，请同学们掌握马立克氏病毒的生物学特性、抗原性、抵抗力、培养特性、致病性、微生物学诊断、免疫与治疗，能够组织语言向其他同学介绍马立克氏病毒的相关特性。

【任务分析】

任务单

任务名称	马立克氏病毒		
意义作用	马立克氏病毒主要发生在密集饲养的养鸡场，特别是肉仔鸡场。它的传染性强、危害性大，分布广，一旦发生会造成巨大经济损失，被列为养鸡业三大疾病之一。以淋巴组织增生和肿瘤形成为特征，在外周神经、各种内脏器官、虹膜、性腺、肌肉和皮肤发生单核细胞浸润。通过对马立克氏病毒的学习，我们能够掌握马立克氏病毒的生物学特性、抗原性、抵抗力、培养特性、致病性、微生物学诊断、免疫与治疗。		
任务描述	马立克氏病毒的生物学特性、抗原性、抵抗力、培养特性、致病性、微生物学诊断、免疫与治疗。		
完成条件	智能手机，多媒体教学设备。		
任务资讯	资讯问题	参考资料	
	1.马立克氏病毒的形态。 2.马立克氏病的临床症状和病理变化。 3.马立克氏病毒的培养特性。 4.微生物学诊断常用的血清学方法。	1.陆承平.兽医微生物学.5版.北京：中国农业出版社，2013. 2.黄青云.畜牧微生物学.5版.北京：中国农业出版社，2009.	
考核标准	知识考核	能力考核	素质考核
	1.查阅相关资料，完成资讯问题。 2.准确回答任务测试题。 3.任务总结表书写规范。	1.能准确说出马立克氏病毒形态。 2.能准确说出马立克氏病临床症状和病理变化。 3.能准确讲述马立克氏病毒的培养细胞和特性。 4.能描述马立克氏病毒常用血清学方法。	1.遵守学习纪律，服从教师指导。 2.团结同学，互帮互助。 3.思路清晰，描述准确。 4.珍爱动物生命。
	注：在实际考核过程中，教师可根据考核标准确定优秀、良好、及格和不及格。优秀90～100分；良好80～89分；及格60～79分；不及格60分以下。		

【任务实施】

任务实施　　任务视频　　任务习题

【任务总结】

任务总结表

类别	内容	要点
任务实施	生物学特性	1. 马立克氏病病毒属于什么科？什么属？ 2. 完全病毒和不完全病毒的区别是什么？
	抗原性	马立克氏病毒如何分型？
	培养特性	培养马立克氏病毒选用的鸡胚条件有哪些？在哪种细胞上培养。
	致病性	1. 马立克氏病毒引起的临床症状和病理变化是什么？ 2. 马立克氏病毒的四个分型是什么？
	微生物学诊断	马立克氏病毒如何做病原分离鉴定，常用的血清学检查是什么？
	免疫与治疗	马立克氏病毒常用的疫苗及防治方法。

【任务测试】

1. 课后提交任务总结表。

2. 根据测试结果，指导教师对每位同学做出评价。

【任务小结】

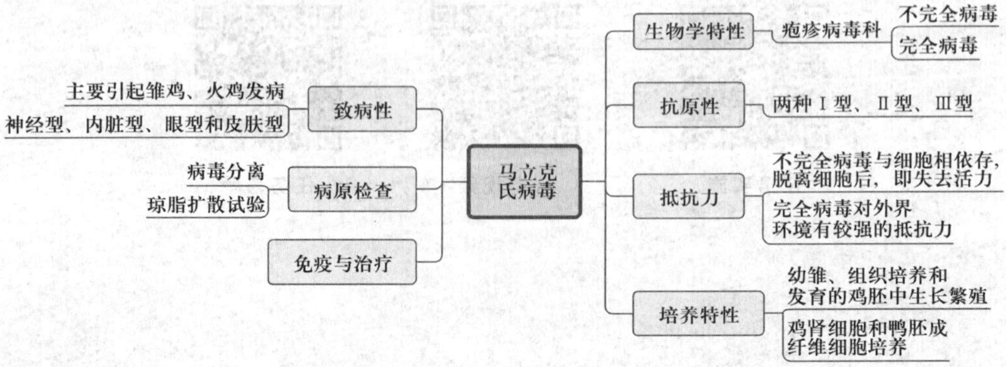

子任务十四 减蛋综合征病毒

【学习目标】

通过本课程的学习，请同学们掌握减蛋综合征病毒的生物学特性、抗原性、抵抗力、培养特性、致病性、微生物学诊断、免疫与治疗，能够组织语言向其他同学介绍减蛋综合征病毒的相关特性。

【任务分析】

任务单

<table>
<tr><td>任务名称</td><td colspan="3">减蛋综合征病毒</td></tr>
<tr><td>意义作用</td><td colspan="3">减蛋综合征病毒的暴发流行给养禽业造成巨大的经济损失。该病毒是以引起种鸡、商品蛋鸡产蛋下降为主要表现的一种传染病的病原体。通过对减蛋综合征病毒的学习，我们能够掌握减蛋综合征病毒的生物学特性、抗原性、抵抗力、培养特性、致病性、微生物学诊断、免疫与治疗。</td></tr>
<tr><td>任务描述</td><td colspan="3">减蛋综合征病毒的生物学特性、抗原性、抵抗力、培养特性、致病性、微生物学诊断、免疫与治疗。</td></tr>
<tr><td>完成条件</td><td colspan="3">智能手机，多媒体教学设备。</td></tr>
<tr><td rowspan="2">任务资讯</td><td>资讯问题</td><td colspan="2">参考资料</td></tr>
<tr><td>1. 减蛋综合征病毒的形态。
2. 减蛋综合征病毒的临床症状和变化。
3. 减蛋综合征病毒的培养特性。
4. 微生物学诊断常用的血清学方法。</td><td colspan="2">1. 陆承平. 兽医微生物学. 5 版. 北京：中国农业出版社，2013.
2. 黄青云. 畜牧微生物学. 5 版. 北京：中国农业出版社，2009.</td></tr>
<tr><td rowspan="3">考核标准</td><td>知识考核</td><td>能力考核</td><td>素质考核</td></tr>
<tr><td>1. 查阅相关资料，完成资讯问题。
2. 准确回答任务测试题。
3. 任务总结表书写规范。</td><td>1. 能准确说出减蛋综合征病毒形态。
2. 能准确说出减蛋综合征临床症状和病理变化。
3. 能准确讲述减蛋综合征病毒的培养细胞和特性。
4. 能描述减蛋综合征病毒常用血清学方法。</td><td>1. 遵守学习纪律，服从教师指导。
2. 团结同学，互帮互助。
3. 思路清晰，描述准确。
4. 珍爱动物生命。</td></tr>
<tr><td colspan="3">注：在实际考核过程中，教师可根据考核标准确定优秀、良好、及格和不及格。优秀 90～100 分；良好 80～89 分；及格 60～79 分；不及格 60 分以下。</td></tr>
</table>

【任务实施】

任务实施　　任务视频　　任务习题

【任务总结】

任务总结表

类　别	内　容	要　点
任务实施	生物学特性	减蛋综合征病毒属于什么科？什么属？
	抗原性	减蛋综合征病毒如何分型？
	培养特性	培养减蛋综合征病毒选用的鸭胚条件，在哪种细胞上培养？
	致病性	减蛋综合征病毒引起的临床症状和病理变化是什么？
	微生物学诊断	减蛋综合征病毒如何做病原分离鉴定，常用的血清学检查是什么？
	免疫与治疗	减蛋综合征病毒常用的疫苗及防治方法。

【任务测试】

1.课后提交任务总结表。

2.根据测试结果，指导教师对每位同学做出评价。

【任务小结】

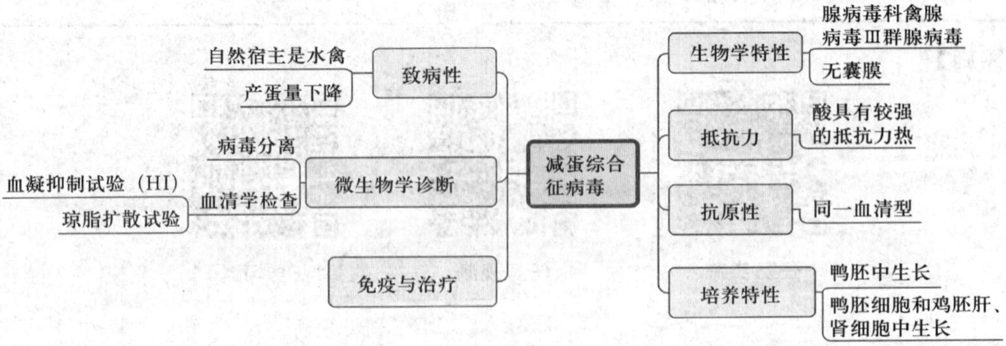

子任务十五 禽白血病毒

【学习目标】

通过本课程的学习，请同学们掌握禽白血病毒的生物学特性、抗原性、抵抗力、培养特性、致病性、微生物学诊断、免疫与治疗，能够组织语言向其他同学介绍禽白血病毒的相关特性。

【任务分析】

任务单

<table>
<tr><td>任务名称</td><td colspan="3">禽白血病毒</td></tr>
<tr><td>意义作用</td><td colspan="3">禽白血病毒的暴发流行给养禽业造成巨大的经济损失。本病毒除能引起白血病外，还能引起骨髓细胞瘤、上皮细胞瘤等肿瘤性疾病，而且它诱发的肿瘤多与造血系统有关。通过对禽白血病病毒的学习，我们能够掌握禽白血病病毒的生物学特性、抗原性、抵抗力、培养特性、致病性、微生物学诊断、免疫与治疗。</td></tr>
<tr><td>任务描述</td><td colspan="3">禽白血病毒的生物学特性、抗原性、抵抗力、培养特性、致病性、微生物学诊断、免疫与治疗。</td></tr>
<tr><td>完成条件</td><td colspan="3">智能手机，多媒体教学设备。</td></tr>
<tr><td rowspan="2">任务资讯</td><td>资讯问题</td><td colspan="2">参考资料</td></tr>
<tr><td>1. 禽白血病毒的形态。
2. 禽白血病毒的临床症状和变化。
3. 禽白血病毒的培养特性。
4. 微生物学诊断常用的血清学方法。</td><td colspan="2">1. 陆承平. 兽医微生物学. 5 版. 北京：中国农业出版社，2013.
2. 黄青云. 畜牧微生物学. 5 版. 北京：中国农业出版社，2009.</td></tr>
<tr><td rowspan="3">考核标准</td><td>知识考核</td><td>能力考核</td><td>素质考核</td></tr>
<tr><td>1. 查阅相关资料，完成资讯问题。
2. 准确回答任务测试题。
3. 任务总结表书写规范。</td><td>1. 能准确说出禽白血病病毒形态。
2. 能准确说出禽白血病临床症状和病理变化。
3. 能准确讲述禽白血病病毒的培养细胞和特性。
4. 能描述禽白血病病毒常用血清学方法。</td><td>1. 遵守学习纪律，服从教师指导。
2. 团结同学，互帮互助。
3. 思路清晰，描述准确。
4. 珍爱动物生命。</td></tr>
<tr><td colspan="3">注：在实际考核过程中，教师可根据考核标准确定优秀、良好、及格和不及格。优秀 90～100 分；良好 80～89 分；及格 60～79 分；不及格 60 分以下。</td></tr>
</table>

【任务实施】

任务实施 任务视频 任务习题

【任务总结】

任务总结表

类别	内容	要点
任务实施	生物学特性	禽白血病病毒属于什么科？什么属？
	抗原性	禽白血病病毒如何分型。
	培养特性	培养禽白血病病毒，选用的鸡胚条件，在哪种细胞上培养？
	致病性	禽白血病病毒引起的临床症状和病理变化是什么？
	微生物学诊断	禽白血病病毒如何做病原分离鉴定，常用的血清学检查是什么？
	免疫与治疗	禽白血病毒常用的疫苗及防治办法。

【任务测试】

1.课后提交任务总结表。

2.根据测试结果，指导教师对每位同学做出评价。

【任务小结】

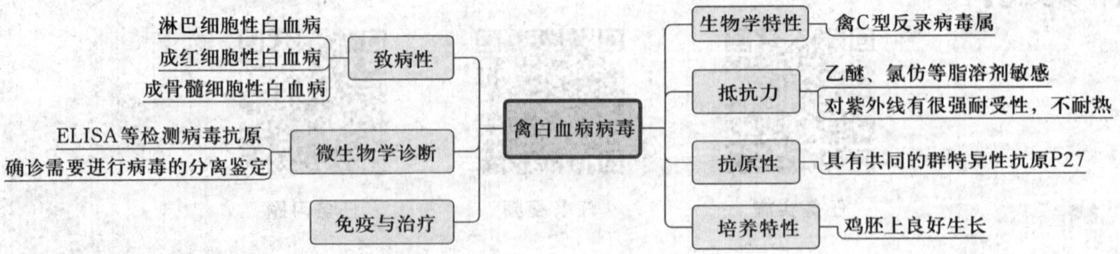

子任务十六 鸭瘟病毒

【学习目标】

通过本课程的学习，请同学们掌握鸭瘟病毒的生物学特性、抗原性、抵抗力、培养特性、致病性、微生物学诊断、免疫与治疗，能够组织语言向其他同学介绍鸭瘟病毒的相关特性。

【任务分析】

任务单

<table>
<tr><td>任务名称</td><td colspan="3">鸭瘟病毒</td></tr>
<tr><td>意义作用</td><td colspan="3">鸭瘟病又名鸭病毒性肠炎，是鸭、鹅和其他雁形目禽类的一种急性、热性、败血性传染病，可对鸭群产生毁灭性的危害。通过对鸭瘟病毒的学习，我们能够掌握鸭瘟病毒的生物学特性、抗原性、抵抗力、培养特性、致病性、微生物学诊断、免疫与治疗。</td></tr>
<tr><td>任务描述</td><td colspan="3">鸭瘟病毒的生物学特性、抗原性、抵抗力、培养特性、致病性、微生物学诊断、免疫与治疗。</td></tr>
<tr><td>完成条件</td><td colspan="3">智能手机，多媒体教学设备。</td></tr>
<tr><td rowspan="2">任务资讯</td><td>资讯问题</td><td colspan="2">参考资料</td></tr>
<tr><td>1. 鸭瘟病毒的形态。
2. 鸭瘟的临床症状和病理变化。
3. 鸭瘟病毒的培养特性。
4. 微生物学诊断常用的血清学方法。</td><td colspan="2">1. 陆承平. 兽医微生物学. 5 版. 北京：中国农业出版社，2013.
2. 黄青云. 畜牧微生物学. 5 版. 北京：中国农业出版社，2009.</td></tr>
<tr><td rowspan="3">考核标准</td><td>知识考核</td><td>能力考核</td><td>素质考核</td></tr>
<tr><td>1. 查阅相关资料，完成资讯问题。
2. 准确回答任务测试题。
3. 任务总结表书写规范。</td><td>1. 能准确说出鸭瘟病毒形态。
2. 能准确说出鸭瘟临床症状和病理变化。
3. 能准确讲述鸭瘟病毒的培养细胞和特性。
4. 能描述鸭瘟常用血清学方法。</td><td>1. 遵守学习纪律，服从教师指导。
2. 团结同学，互帮互助。
3. 思路清晰，描述准确。
4. 珍爱动物生命。</td></tr>
<tr><td colspan="3">注：在实际考核过程中，教师可根据考核标准确定优秀、良好、及格和不及格。优秀 90～100 分；良好 80～89 分；及格 60～79 分；不及格 60 分以下。</td></tr>
</table>

【任务实施】

任务实施　　任务视频　　任务习题

【任务总结】

任务总结表

类　别	内　容	要　点
任务实施	生物学特性	1. 鸭瘟病毒属于什么科？什么属？ 2. 鸭瘟病毒的血清型有几种？
	培养特性	培养鸭瘟病毒，鸭胚有什么病理变化？
	致病性	鸭瘟病毒引起的临床症状和病理变化是什么？
	微生物学诊断	鸭瘟病毒如何做病原分离鉴定，常用的血清学检查是什么？
	免疫与治疗	鸭瘟病毒常用的疫苗，如何防治？

【任务测试】

1. 课后提交任务总结表。

2. 根据测试结果，指导教师对每位同学做出评价。

【任务小结】

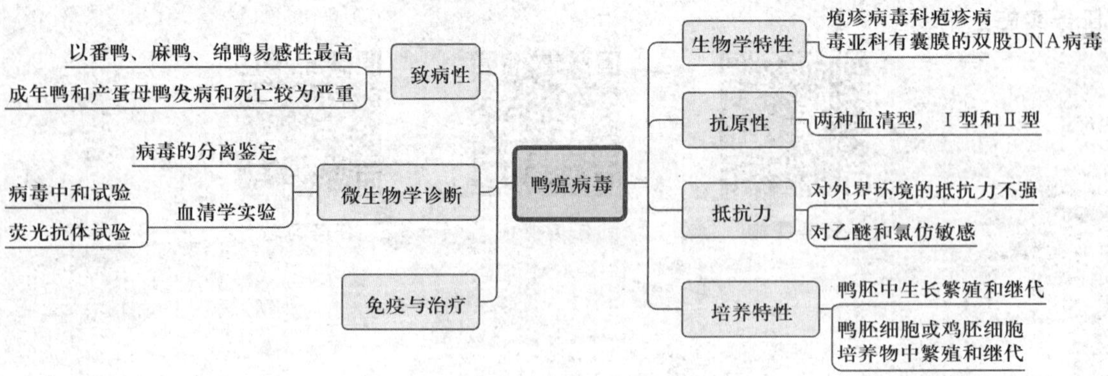

子任务十七 小鹅瘟病毒

【学习目标】

通过本课程的学习，请同学们掌握小鹅瘟病毒的生物学特性、抗原性、抵抗力、培养特性、致病性、微生物学诊断、免疫与治疗，能够组织语言向其他同学介绍小鹅瘟病毒的相关特性。

【任务分析】

任务单

<table>
<tr><td>任务名称</td><td colspan="3">小鹅瘟病毒</td></tr>
<tr><td>意义作用</td><td colspan="3">小鹅瘟病毒的暴发发流行给养禽业造成巨大的经济损失。本病毒特征为渗出性肠炎、心肌炎和全身性败血病变。本病毒传播快，病程短，发病率和病死率高达91%～100%。通过对小鹅瘟病毒的学习，我们能够掌握小鹅瘟病毒的生物学特性、抗原性、抵抗力、培养特性、致病性、微生物学诊断、免疫与治疗。</td></tr>
<tr><td>任务描述</td><td colspan="3">小鹅瘟病毒的生物学特性、抗原性、抵抗力、培养特性、致病性、微生物学诊断、免疫与治疗。</td></tr>
<tr><td>完成条件</td><td colspan="3">智能手机，多媒体教学设备。</td></tr>
<tr><td rowspan="2">任务资讯</td><td>资讯问题</td><td colspan="2">参考资料</td></tr>
<tr><td>1. 小鹅瘟病毒的形态。
2. 小鹅瘟病毒的临床症状和变化。
3. 小鹅瘟病毒的培养特性。
4. 微生物学诊断常用的血清学方法。</td><td colspan="2">1. 陆承平. 兽医微生物学. 5版. 北京：中国农业出版社，2013.
2. 黄青云. 畜牧微生物学. 5版. 北京：中国农业出版社，2009.</td></tr>
<tr><td rowspan="3">考核标准</td><td>知识考核</td><td>能力考核</td><td>素质考核</td></tr>
<tr><td>1. 查阅相关资料，完成资讯问题。
2. 准确回答任务测试题。
3. 任务总结表书写规范。</td><td>1. 能准确说出小鹅瘟病毒的形态。
2. 能准确说出小鹅瘟病毒的临床症状和病理变化。
3. 能准确讲述小鹅瘟病毒的培养细胞和特性。
4. 能描述小鹅瘟病毒常用血清学方法。</td><td>1. 遵守学习纪律，服从教师指导。
2. 团结同学，互帮互助。
3. 思路清晰，描述准确。
4. 珍爱动物生命。</td></tr>
<tr><td colspan="3">注：在实际考核过程中，教师可根据考核标准确定优秀、良好、及格和不及格。优秀90～100分；良好80～89分；及格60～79分；不及格60分以下。</td></tr>
</table>

【任务实施】

任务实施　　任务视频　　任务习题

【任务总结】

任务总结表

类　别	内　容	要　点
任务实施	生物学特性	小鹅瘟病毒属于什么科？什么属？
	抗原性	小鹅瘟病毒如何分型？
	培养特性	培养小鹅瘟病毒选用的禽胚条件有哪些？在哪种细胞上培养？
	致病性	小鹅瘟病毒引起的临床症状和病理变化是什么？
	微生物学诊断	小鹅瘟病毒如何做病原分离鉴定，常用的血清学检查是什么？
	免疫与治疗	小鹅瘟病毒常用的疫苗及防治方法。

【任务测试】

1. 课后提交任务总结表。
2. 根据测试结果，指导教师对每位同学做出评价。

【任务小结】

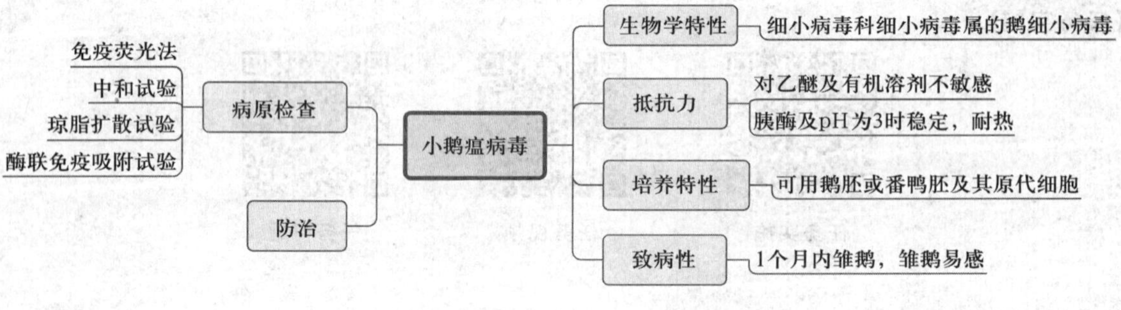

子任务十八　犬瘟热病毒

【任务目标】

通过本次课学习，请同学们掌握犬瘟热病毒的生物学特性、抗原性、抵抗力、培养特性、致病性、微生物学诊断、免疫与治疗。

【任务分析】

任务单

任务名称	犬瘟热病毒		
意义作用	犬瘟热病毒的爆发流行给畜牧业造成很大的经济损失，特别是对犬的饲养造成巨大威胁。犬瘟热病毒是引起犬瘟热的病原体。该病是一种高度接触性、致死性传染病。以病犬早期表现双相热、急性鼻卡他，随后以支气管炎、卡他性肺炎、严重的胃肠炎和神经症状为特征。犬瘟热分布广泛，是犬最重要的病毒病。通过对犬瘟热病毒的学习，我们能够掌握犬瘟热病毒的生物学特性、抗原性、抵抗力、培养特性、致病性、微生物学诊断、免疫与治疗。		
任务描述	犬瘟热病毒的生物学特性、抗原性、抵抗力、培养特性、致病性、微生物学诊断、免疫与治疗。		
完成条件	智能手机，多媒体教学设备。		
任务资讯	资讯问题	参考资料	
	1. 犬瘟热病毒的形态是什么？ 2. 犬瘟热病毒的临床症状和变化。 3. 犬瘟热病毒的培养特性是什么？ 4. 微生物学诊断常用的血清学方法。	1. 陆承平. 兽医微生物学. 5 版. 北京：中国农业出版社，2013. 2. 葛兆宏. 动物微生物. 北京：中国农业出版社 2001 3. 杨玉平. 动物微生物. 北京. 中国轻工业出版社，2012.	
考核标准	知识考核	能力考核	素质考核
	1. 查阅相关部分资料，完成资讯问题； 2. 准确回答任务测试题； 3. 任务完成报告书写规范。	1. 能准确说出犬瘟热病毒形态； 2. 能准确说出犬瘟热临床症状和病理变化； 3. 能准确讲述犬瘟热病毒的培养细胞和特性。 4. 能描述犬瘟热病毒常用血清学方法。 5. 能独立讲述口蹄疫病毒的检测方法。	1. 遵守学习纪律，服从教师指导。 2. 团结同学，互帮互助。 3. 思路清晰，描述准确。 4. 珍爱动物生命。
	注：在实际考核过程中，教师可根据具体的考核标准确定优秀、良好、及格和不及格。优秀 90～100 分；良好 80～89 分；及格 60～79；不及格 60 分以下。		

【任务实施】

任务实施　　任务视频　　任务习题

【任务总结】

任务总结表

类 别	内 容	要 点
任务实施	生物学特性	犬瘟热病毒属于什么科？什么属？
	培养特性	培养犬瘟热病毒，在哪种细胞上培养。
	致病性	犬瘟热病毒引起的临床症状和病理变化是什么？
	微生物学诊断	犬瘟热病毒如何做病原分离鉴定，常用的血清学检查是什么？
	免疫与治疗	犬瘟热病毒常用的疫苗，如何防治？

【任务测试】

1. 课后提交任务总结表。
2. 根据测试结果，指导教师对每位同学做出评价。

【任务小结】

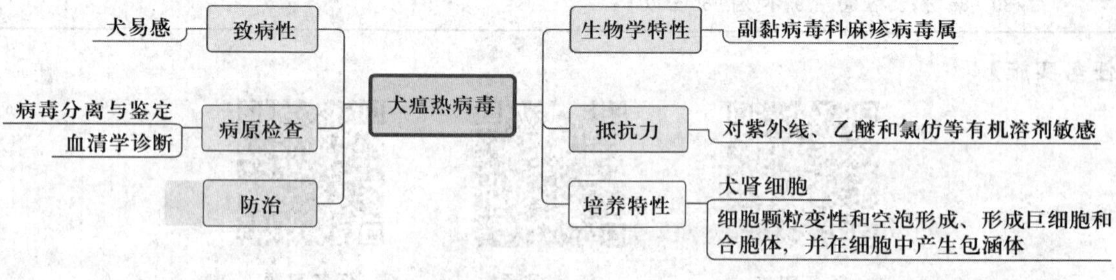

项目三

其他微生物

任务一　真菌

【学习目标】

通过本课程的学习，请同学们了解真菌的概念，能够说出真菌的分类方式，能够组织语言向同学们介绍真菌的特点，可以使学生了解真菌的分类、形态结构、培养、致病性及防治等内容。

【任务分析】

任务单

<table>
<tr><td>任务名称</td><td colspan="3">真菌</td></tr>
<tr><td>意义作用</td><td colspan="3">真菌是一类具有细胞壁、没有根茎叶分化的异养型单细胞或多细胞真核微生物。通过对真菌的学习，我们能够掌握真菌是什么，有哪些分类，形态结构及特点？了解真菌的致病性及防治技术方法。</td></tr>
<tr><td>任务描述</td><td colspan="3">能够说出真菌的概念；了解真菌的分类；掌握霉菌、酵母的分类标准；能够说出真菌的形态结构、培养特点，简要介绍真菌性疾病的致病性和防治方法。</td></tr>
<tr><td>完成条件</td><td colspan="3">智能手机，多媒体教学设备。</td></tr>
<tr><td rowspan="2">任务资讯</td><td>资讯问题</td><td colspan="2">参考资料</td></tr>
<tr><td>1.真菌是什么？
2.真菌可以分为哪些类？
3.真菌的特点有哪些？
4.真菌的培养特性是什么？
5.真菌性疾病及防治。</td><td colspan="2">1.胡建和，等.动物微生物学.北京：科学出版社，2017.
2.郝民忠.动物微生物.2版.重庆：重庆大学出版社，2015.</td></tr>
<tr><td rowspan="3">考核标准</td><td>知识考核</td><td>能力考核</td><td>素质考核</td></tr>
<tr><td>1.查阅相关资料，完成资讯问题。
2.准确回答任务测试题。
3.任务总结表书写规范。</td><td>1.能准确说出真菌的概念。
2.能准确说出真菌的分类。
3.能准确讲述真菌的特点。
4.能大致描述真菌性疾病及防治。</td><td>1.遵守学习纪律，服从教师指导。
2.团结同学，互帮互助。
3.思路清晰，描述准确。
4.珍爱动物生命。</td></tr>
<tr><td colspan="3">注：在实际考核过程中，教师可根据考核标准确定优秀、良好、及格和不及格。优秀90～100分；良好80～89分；及格60～79分；不及格60分以下。</td></tr>
</table>

【任务实施】

任务实施　　任务视频　　任务习题

【任务总结】

任务总结表

类别	内容	要点
任务实施	真菌的概念	什么是真菌?
	真菌的分类	1.按照生物学特性进行分类真菌可以分为哪些?并举例。 2.按照结构组成进行分类真菌可以分为哪些种类?并举例。
	真菌的特点	1.真菌在形态结构方面具有哪些特点? 2.真菌在种类和数量方面具有哪些特点?

【任务测试】

1.课后提交任务总结表。

2.根据测试结果,指导教师对每位同学做出评价。

【任务小结】

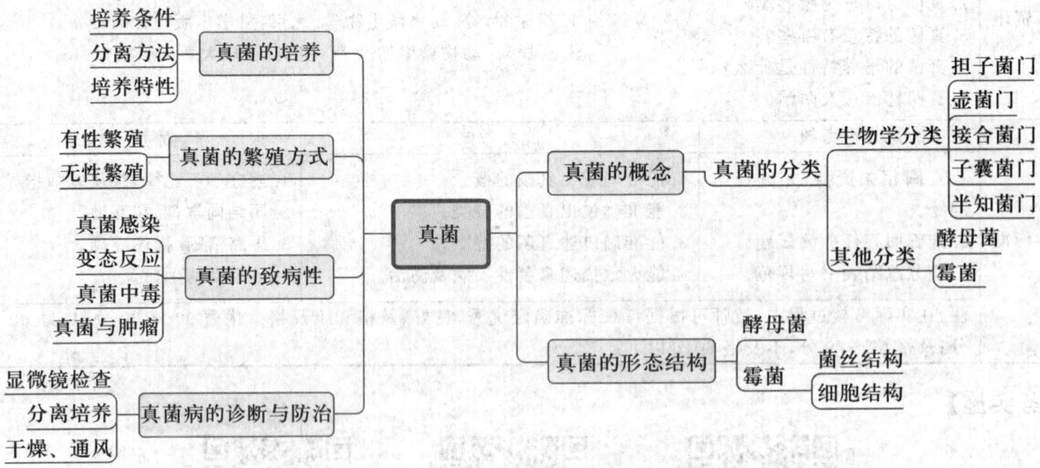

任务二　放线菌

【学习目标】

通过本课程的学习，请同学们了解放线菌的概念，能够说出放线菌的分类方式，能够组织语言向同学们介绍放线菌的特点，可以使学生了解放线菌的分类、形态结构、培养、致病性及防治等。

【任务分析】

任务单

<table>
<tr><td>任务名称</td><td colspan="3">放线菌</td></tr>
<tr><td>意义作用</td><td colspan="3">放线菌是介于细菌和真菌之间的一种原核细胞型微生物，因菌落为放射状而得名。通过对放线菌的学习，我们能够掌握放线菌是什么，有哪些分类，形态结构，具有哪些特点？了解放线菌的致病性及防治方法。</td></tr>
<tr><td>任务描述</td><td colspan="3">能够说出放线菌的概念；了解放线菌的分类；掌握放线菌的分类标准；能够说出真菌的形态结构，培养特点；简要介绍真菌性疾病的致病性和防治。</td></tr>
<tr><td>完成条件</td><td colspan="3">智能手机，多媒体教学设备。</td></tr>
<tr><td rowspan="2">任务资讯</td><td colspan="2">资讯问题</td><td>参考资料</td></tr>
<tr><td colspan="2">1. 放线菌是什么？
2. 放线菌可以分为哪些类？
3. 放线菌的特点有哪些？</td><td>1. 郝民忠. 动物微生物. 2 版. 重庆：重庆大学出版社，2015.
2. 杨玉平. 动物微生物. 北京：中国轻工业出版社，2012.</td></tr>
<tr><td rowspan="3">考核标准</td><td>知识考核</td><td>能力考核</td><td>素质考核</td></tr>
<tr><td>1. 查阅相关资料，完成资讯问题。
2. 准确回答任务测试题。
3. 任务总结表书写规范。</td><td>1. 能准确说出放线菌的概念。
2. 能准确说出放线菌的分类。
3. 能准确讲述放线菌的特点。
4. 能大致描述放线菌性疾病及防治。</td><td>1. 遵守学习纪律，服从教师指导。
2. 团结同学，互帮互助。
3. 思路清晰，描述准确。
4. 珍爱动物生命。</td></tr>
<tr><td colspan="3">注：在实际考核过程中，教师可根据考核标准确定优秀、良好、及格和不及格。优秀 90～100 分；良好 80～89 分；及格 60～79 分；不及格 60 分以下。</td></tr>
</table>

【任务实施】

任务实施　　任务视频

【任务总结】

任务总结表

类　别	内　容	要　点
任务实施	放线菌的概念	什么是放线菌？
	放线菌的分类	1. 按照生物学特性进行分类放线菌可以分为哪些？并举例。 2. 按照结构组成进行分类放线菌可以分为哪些种类？并举例。
	放线菌的特点	1. 放线菌的形态结构具有哪些特点？ 2. 放线菌在种类和数量方面具有哪些特点？

【任务测试】

1. 课后提交任务总结表。
2. 根据测试结果，指导教师对每位同学做出评价。

【任务小结】

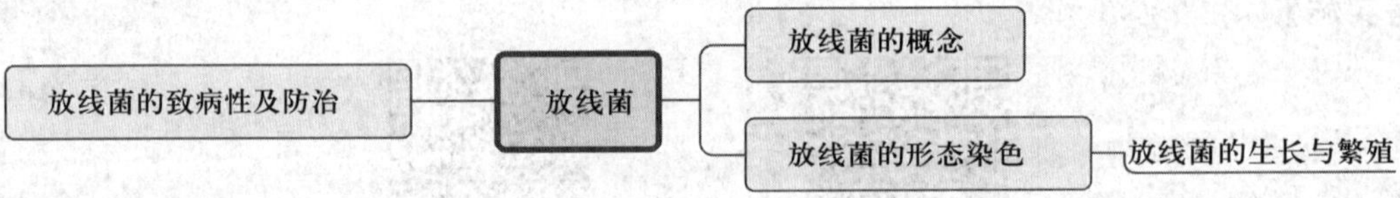

任务三　支原体

【学习目标】

通过本课程的学习，请同学们了解支原体的概念，能够说出支原体的分类方式，能够组织语言向同学们介绍支原体的特点。

【任务分析】

任务单

<table>
<tr><td>任务名称</td><td colspan="3">支原体</td></tr>
<tr><td>意义作用</td><td colspan="3">支原体又称霉形体，是一类介于细菌和病毒之间、无细胞壁、能独立生活的最小的单细胞原核型微生物质。因缺乏细胞壁而具有多形性和可塑性，可通过细菌滤器。常污染实验室的细胞培养液及血清疫苗等生物制品，有 30 多种支原体对人或畜禽有致病性。</td></tr>
<tr><td>任务描述</td><td colspan="3">能够说出支原体的概念；了解支原体的分类；能够说出支原体的特点。</td></tr>
<tr><td>完成条件</td><td colspan="3">智能手机，多媒体教学设备。</td></tr>
<tr><td rowspan="2">任务资讯</td><td colspan="2">资讯问题</td><td>参考资料</td></tr>
<tr><td colspan="2">1. 支原体是什么？
2. 支原体可以分为哪些类？
3. 支原体的特点有哪些？</td><td>1. 裴春生，张进隆. 动物微生物与免疫与应用，北京：中国农业大学出版社，2015.
2. 刘志恒. 现代微生物学. 北京：科学出版社，2002.</td></tr>
<tr><td rowspan="3">考核标准</td><td>知识考核</td><td>能力考核</td><td>素质考核</td></tr>
<tr><td>1. 查阅相关资料，完成资讯问题。
2. 准确回答任务测试题。
3. 任务总结表书写规范。</td><td>1. 能准确说出支原体的概念。
2. 能准确说出支原体的分类。
3. 能准确讲述支原体的特点。</td><td>1. 遵守学习纪律，服从教师指导。
2. 团结同学，互帮互助。
3. 思路清晰，描述准确。
4. 珍爱动物生命。</td></tr>
<tr><td colspan="3">注：在实际考核过程中，教师可根据考核标准确定优秀、良好、及格和不及格。优秀 90～100 分；良好 80～89 分；及格 60～79 分；不及格 60 分以下。</td></tr>
</table>

【任务实施】

任务实施　　任务视频　　任务习题

【任务总结】

任务总结表

类　别	内　容	要　点
任务实施	支原体的概念	什么是支原体？
	支原体的分类	1. 按照生物学进行分类支原体可以分为哪些？并举例。 2. 按照结构组成进行分类支原体可以分为哪些？并举例。
	支原体的特点	1. 支原体的形态与染色。 2. 支原体的增殖与培养。 3. 支原体的抵抗力。
	支原体的微生物学诊断	1. 分离培养。 2. 生化性状测定。 3. 血清学鉴定。
	支原体的致病性及防治	1. 疾病特点是潜伏期长，呈慢性经过，地方性流行，具有多种特性。 2. 支原体的疫苗已应用于生产。

【任务测试】

1. 课后提交任务总结表。
2. 根据测试结果，指导教师对每位同学做出评价。

【任务小结】

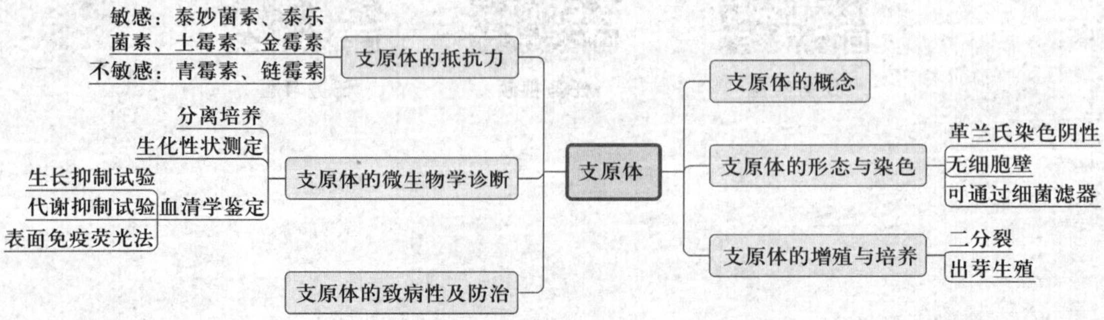

任务四 螺旋体

【学习目标】

通过本课程的学习，请同学们了解螺旋体的概念，能够说出螺旋体的分类方式，能够组织语言向同学们介绍螺旋体的特点。

【任务分析】

任务单

<table>
<tr><td>任务名称</td><td colspan="3">螺旋体</td></tr>
<tr><td>意义作用</td><td colspan="3">螺旋体是一群细长、柔软、波状或螺旋状、运动活泼的原核单细胞微生物。通过螺旋体的学习，我们能够掌握螺旋体是什么，有哪些分类，具有哪些特点？</td></tr>
<tr><td>任务描述</td><td colspan="3">能够说出螺旋体的概念；了解螺旋体的分类；能够说出螺旋体的特点。</td></tr>
<tr><td>完成条件</td><td colspan="3">智能手机，多媒体教学设备。</td></tr>
<tr><td rowspan="2">任务资讯</td><td colspan="2">资讯问题</td><td>参考资料</td></tr>
<tr><td colspan="2">1. 螺旋体是什么？
2. 螺旋体可以分为哪些类？
3. 螺旋体的特点有哪些？</td><td>1. 周德庆. 微生物学教程. 2 版. 北京：高等教育出版社，2012.
2. 崔保安. 动物微生物学. 3 版. 北京：中国农业出版社，2005.</td></tr>
<tr><td rowspan="3">考核标准</td><td>知识考核</td><td>能力考核</td><td>素质考核</td></tr>
<tr><td>1. 查阅相关资料，完成资讯问题。
2. 准确回答任务测试题。
3. 任务总结表书写规范。</td><td>1. 能准确说出螺旋体的概念。
2. 能准确说出螺旋体的分类。
3. 能准确讲述螺旋体的特点。</td><td>1. 遵守学习纪律，服从教师指导。
2. 团结同学，互帮互助。
3. 思路清晰，描述准确。
4. 珍爱动物生命。</td></tr>
<tr><td colspan="3">注：在实际考核过程中，教师可根据考核标准确定优秀、良好、及格和不及格。优秀 90～100 分；良好 80～89 分；及格 60～79 分；不及格 60 分以下。</td></tr>
</table>

【任务实施】

任务实施　　任务视频　　任务习题

【任务总结】

任务总结表

类 别	内 容	要 点
任务实施	螺旋体的概念	什么是螺旋体?
	螺旋体的分类	1.按照生物学进行分类螺旋体可以分为哪些?并举例。 2.按照结构组成进行分类螺旋体可以分为哪些?并举例。
	螺旋体的特点	1.螺旋体在形态结构方面具有哪些特点? 2.螺旋体在种类和数量方面具有哪些特点? 3.螺旋体在生理遗传方面具有哪些特点?
	螺旋体的致病性	列出你知道的螺旋体引起的疾病。

【任务测试】

1.课后提交任务总结表。

2.根据测试结果,指导教师对每位同学做出评价。

【任务小结】

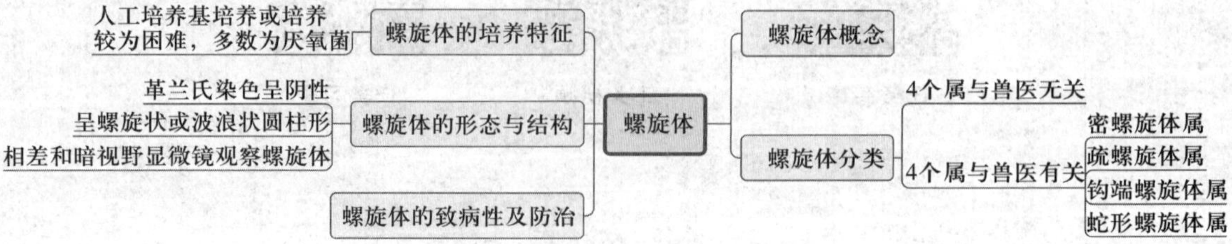

任务五 立克次氏体

【学习目标】

通过本课程的学习，请同学们了解立克次氏体的概念，能够说出立克次氏体的分类方式，能够组织语言向同学们介绍立克次氏体的特点。

【任务分析】

任务单

<table>
<tr><td>任务名称</td><td colspan="3">立克次氏体</td></tr>
<tr><td>意义作用</td><td colspan="3">立克次氏体是一类依赖于宿主细胞和专性细胞内寄生的，小型革兰氏阴性原核单细胞微生物。通过立克次氏体的学习，我们能够掌握立克次氏体是什么，有哪些分类，具有哪些特点？</td></tr>
<tr><td>任务描述</td><td colspan="3">能够说出立克次氏体的概念；了解立克次氏体的分类；能够说出立克次氏体的特点。</td></tr>
<tr><td>完成条件</td><td colspan="3">智能手机，多媒体教学设备。</td></tr>
<tr><td rowspan="2">任务资讯</td><td colspan="2">资讯问题</td><td>参考资料</td></tr>
<tr><td colspan="2">1.立克次氏体是什么？
2.立克次氏体可以分为哪些类？
3.立克次氏体的特点有哪些？</td><td>1.胡建和，等.动物微生物学.北京：科学出版社，2017.
2.郝民忠.动物微生物.2版.重庆：重庆大学出版社，2015.</td></tr>
<tr><td rowspan="3">考核标准</td><td>知识考核</td><td>能力考核</td><td>素质考核</td></tr>
<tr><td>1 查阅相关资料，完成资讯问题。
2.准确回答任务测试题。
3.任务总结表书写规范。</td><td>1.能准确说出立克次氏体的概念。
2.能准确说出立克次氏体的分类。
3.能准确讲述立克次氏体的特点。</td><td>1.遵守学习纪律，服从教师指导。
2.团结同学，互帮互助。
3.思路清晰，描述准确。
4.珍爱动物生命。</td></tr>
<tr><td colspan="3">注：在实际考核过程中，教师可根据考核标准确定优秀、良好、及格和不及格。优秀 90～100 分；良好 80～89 分；及格 60～79 分；不及格 60 分以下。</td></tr>
</table>

【任务实施】

任务实施　　任务视频　　任务习题

【任务总结】

任务总结表

类 别	内 容	要 点
任务实施	立克次氏体的概念	什么是立克次氏体？
	立克次氏体的分类	1. 按照生物学进行分类立克次氏体可以分为哪些？并举例。 2. 按照结构组成进行分类立克次氏体可以分为哪些？并举例。
	立克次氏体的特点	1. 立克次氏体在形态结构方面具有哪些特点？ 2. 立克次氏体在种类和数量方面具有哪些特点？ 3. 立克次氏体在生理遗传方面具有哪些特点？
	立克次氏体的致病性	请列出立克次氏体引起的疾病。

【任务测试】

1. 课后提交任务总结表。

2. 根据测试结果，指导教师对每位同学做出评价。

【任务小结】

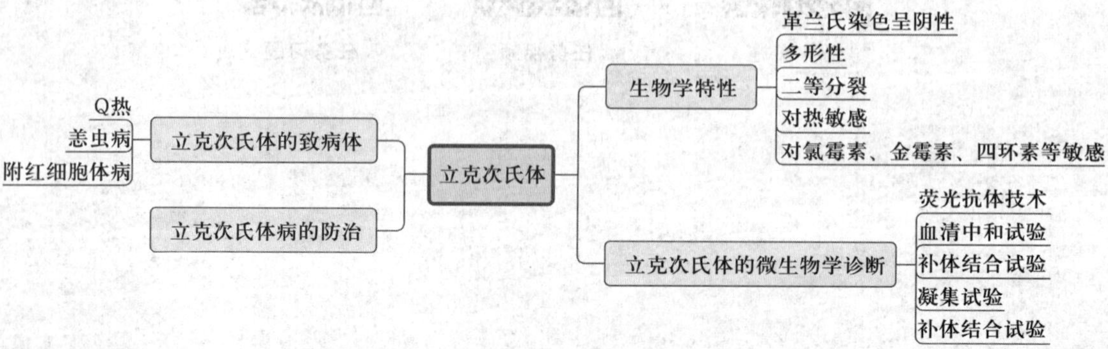

任务六 衣原体

【学习目标】

通过本课程的学习，请同学们了解衣原体的概念，能够说出衣原体的分类方式，能够组织语言向同学们介绍衣原体的特点。

【任务分析】

任务单

<table>
<tr><td>任务名称</td><td colspan="3">衣原体</td></tr>
<tr><td>意义作用</td><td colspan="3">衣原体是一群能通过细菌滤器、革兰氏阴性、具有独特发育周期，以二等分裂方式繁殖并形成包涵体、专性真核细胞内寄生的原核微生物。通过衣原体的学习，我们能够掌握衣原体是什么，有哪些分类，具有哪些特点？</td></tr>
<tr><td>任务描述</td><td colspan="3">能够说出衣原体的概念；了解衣原体的分类；能够说出衣原体的特点。</td></tr>
<tr><td>完成条件</td><td colspan="3">智能手机，多媒体教学设备。</td></tr>
<tr><td rowspan="2">任务资讯</td><td>资讯问题</td><td colspan="2">参考资料</td></tr>
<tr><td>1. 衣原体是什么？
2. 衣原体可以分为哪些类？
3. 衣原体的特点有哪些？</td><td colspan="2">1. 杨玉平. 动物微生物. 北京. 中国轻工业出版社，2012.
2. 裴春生，张进隆. 动物微生物与免疫与应用，北京：中国农业大学出版社，2015.</td></tr>
<tr><td rowspan="3">考核标准</td><td>知识考核</td><td>能力考核</td><td>素质考核</td></tr>
<tr><td>1. 查阅相关资料，完成资讯问题。
2. 准确回答任务测试题。
3. 任务总结表书写规范。</td><td>1. 能准确说出衣原体的概念。
2. 能准确说出衣原体的分类。
3. 能准确讲述衣原体的特点。</td><td>1. 遵守学习纪律，服从教师指导。
2. 团结同学，互帮互助。
3. 思路清晰，描述准确。
4. 珍爱动物生命。</td></tr>
<tr><td colspan="3">注：在实际考核过程中，教师可根据考核标准确定优秀、良好、及格和不及格。优秀 90～100 分；良好 80～89 分；及格 60～79 分；不及格 60 分以下。</td></tr>
</table>

【任务实施】

任务实施　　任务视频　　任务习题

【任务总结】

任务总结表

类 别	内 容	要 点
任务实施	衣原体的概念	什么是衣原体？
	衣原体的分类	1.按照生物学进行分类衣原体可以分为哪些？并举例。 2.按照结构组成进行分类衣原体可以分为哪些？并举例。
	衣原体的特点	1.衣原体在形态结构方面具有哪些特点？ 2.衣原体在种类和数量方面具有哪些特点？ 3.衣原体在生理遗传方面具有哪些特点？
	衣原体的致病性	列出衣原体引起的疾病有哪些？

【任务测试】

1.课后提交任务总结表。

2.根据测试结果，指导教师对每位同学做出评价。

【任务小结】

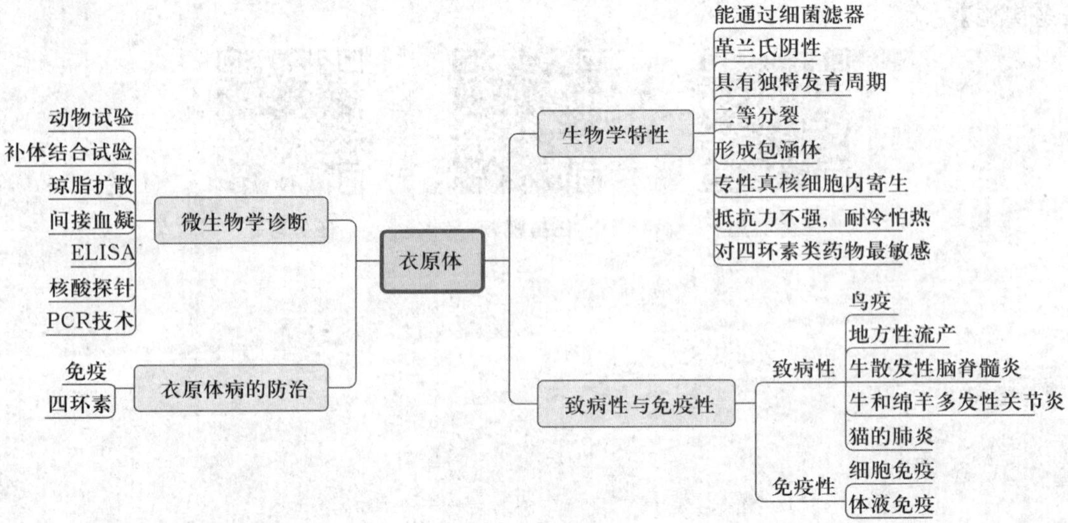

项目四

外界因素对微生物的影响

任务一　微生物在外界环境中的分布

【学习目标】

通过本课程的学习，使同学们了解不同的外界环境分布着不同的微生物，同一环境中的微生物也因各种因素的影响而变化，从而使同学们更加了解微生物的分布。

【任务分析】

任务单

任务名称	微生物在外界环境中的分布		
意义作用	通过微生物在外界环境中的分布的学习，使同学们能够掌握微生物在土壤、水、空气中的分布状态以及正常菌群存在的意义及其对宿主的影响，同时也使同学们进一步了解食品中微生物是如何存在的，这对我们防止食物的质变具有重要意义。		
任务描述	了解土壤、水、空气中的微生物生存条件及分布状态；掌握正常菌群存在的意义及其对宿主的影响；了解食品中微生物是如何存在的。		
完成条件	智能手机，多媒体教学设备。		
任务资讯	资讯问题	参考资料	
	1. 土壤、水、空气中微生物是如何分布的？为什么？ 2. 正常菌群存在的意义及其对宿主的影响。 3. 食品中微生物存在的条件以及如何防止食物质变？	1. 陆承平. 兽医微生物学. 5 版. 北京：中国农业出版社，2013. 2. 胡建和，等. 动物微生物学. 北京：科学出版社，2017.	
考核标准	知识考核	能力考核	素质考核
	1. 查阅相关资料，完成资讯问题。 2. 准确回答任务测试题。 3. 任务总结表书写规范。	1. 能说出土壤、水中会有微生物分布的原因？ 2. 能准确说出正常菌群存在的意义及其对宿主的影响。 3. 能讲述食物变质的原因。	1. 遵守学习纪律，服从教师指导。 2. 团结同学，互帮互助。 3. 思路清晰，描述准确。 4. 珍爱动物生命。
	注：在实际考核过程中，教师可根据考核标准确定优秀、良好、及格和不及格。优秀 90～100 分；良好 80～89 分；及格 60～79 分；不及格 60 分以下。		

【任务实施】

任务实施　　任务视频　　任务习题

【任务总结】

任务总结表

类 别	内 容	要 点
任务实施	土壤中微生物	微生物在土壤中是如何分布的？为什么？
	水中的微生物	微生物在水中的分布规律如何？为什么？
	空气中的微生物	空气中的微生物来源。
	正常动物体的微生物	1.正常动物体的细菌如何分布？ 2.什么是动物体的正常菌群？
	食品中的微生物	引起食物质变的原因是什么？

【任务测试】

1.课后提交任务总结表。

2.根据测试结果，指导教师对每位同学做出评价。

【任务小结】

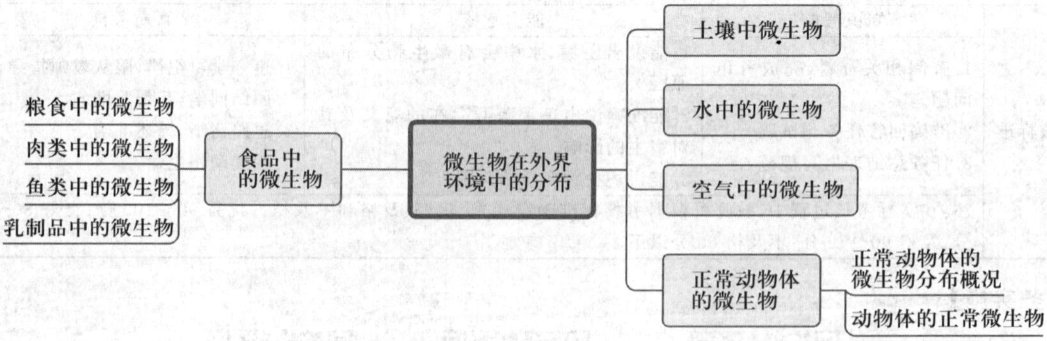

任务二　物理因素对微生物的影响

【学习目标】

通过本课程的学习，使同学们掌握与消毒灭菌有关的几个概念；了解微生物与环境之间的依赖关系，熟知温度、干燥、光线、超声波和激光等物理性因素对微生物的影响，使同学们在临床工作中能够更好利用、控制和消灭微生物。

【任务分析】

任务单

<table>
<tr><td>任务名称</td><td colspan="6">物理因素对微生物的影响</td></tr>
<tr><td>意义作用</td><td colspan="6">掌握与消毒灭菌有关的概念，如消毒、防腐、无菌、灭菌等；了解微生物与环境之间的依赖关系，熟知温度、干燥、光线、超声波和激光等物理性因素对微生物的影响，使人类更好利用、控制和消灭微生物。</td></tr>
<tr><td>任务描述</td><td colspan="6">能够说出消毒、防腐、无菌、灭菌的概念；熟知温度、干燥、光线、超声波和激光等物理性因素对微生物的影响。</td></tr>
<tr><td>完成条件</td><td colspan="6">智能手机，多媒体教学设备。</td></tr>
<tr><td rowspan="2">任务资讯</td><td colspan="3">资讯问题</td><td colspan="3">参考资料</td></tr>
<tr><td colspan="3">1. 什么是消毒、防腐、无菌、灭菌？
2. 常用的湿热灭菌法有哪些？
3. 干热灭菌法有哪些？
4. 光线对微生物有哪些影响？</td><td colspan="3">1. 郝民忠. 动物微生物. 2 版. 重庆：重庆大学出版社，2015.
2. 裴春生，张进隆. 动物微生物与免疫与应用，北京：中国农业大学出版社，2015.</td></tr>
<tr><td rowspan="3">考核标准</td><td colspan="2">知识考核</td><td colspan="2">能力考核</td><td colspan="2">素质考核</td></tr>
<tr><td colspan="2">1. 查阅相关资料，完成资讯问题。
2. 准确回答任务测试题。
3. 任务总结表书写规范。</td><td colspan="2">1. 能准确说出热力灭菌的原理及各种热力灭菌法的灭菌条件。
2. 能准确说出消毒、防腐、无菌、灭菌的概念。
3. 能够说出紫外线的杀菌机理。</td><td colspan="2">1. 遵守学习纪律，服从教师指导。
2. 团结同学，互帮互助。
3. 思路清晰，描述准确。
4. 珍爱动物生命。</td></tr>
<tr><td colspan="6">注：在实际考核过程中，教师可根据考核标准确定优秀、良好、及格和不及格。优秀 90～100 分；良好 80～89 分；及格 60～79 分；不及格 60 分以下。</td></tr>
</table>

【任务实施】

任务实施　　任务视频　　任务习题

【任务总结】

任务总结表

类　别	内　容	要　点
任务实施	消毒灭菌的有关概念	阐述消毒、防腐、无菌、灭菌、抑菌、杀菌、抗菌的概念。
	温度对微生物的影响	1. 热力灭菌法的原理是什么？ 2. 湿热灭菌法有哪些，各有何特点？ 3. 干热灭菌法有哪些？各有何特点？
	干燥对微生物的影响	干燥影响微生物的原理。
	光线对微生物的影响	可见光线、日光、紫外线是如何杀菌的？

【任务测试】

1. 课后提交任务总结表。

2. 根据测试结果，指导教师对每位同学做出评价。

【任务小结】

任务三　化学因素对微生物的影响

【学习目标】

通过本课程的学习，使同学们了解消毒剂的概念及应用；掌握消毒剂的作用原理；熟悉常用的消毒剂的种类及影响化学消毒剂的作用因素。

【任务分析】

任务单

<table>
<tr><td>任务名称</td><td colspan="3">化学因素对微生物的影响</td></tr>
<tr><td>意义作用</td><td colspan="3">了解消毒剂的概念及应用；掌握消毒剂的作用原理；熟悉常用消毒剂的种类及影响化学消毒剂的作用因素，以便人们更好地利用化学消毒剂消灭有害的病原微生物。</td></tr>
<tr><td>任务描述</td><td colspan="3">了解消毒剂的概念及应用；掌握消毒剂的作用原理；熟悉常用的消毒剂种类及影响化学消毒剂的作用因素。</td></tr>
<tr><td>完成条件</td><td colspan="3">智能手机，多媒体教学设备。</td></tr>
<tr><td rowspan="2">任务资讯</td><td>资讯问题</td><td colspan="2">参考资料</td></tr>
<tr><td>1. 什么是消毒剂？
2. 消毒剂的作用机理。
3. 常用的消毒剂种。
4. 影响化学消毒剂的作用因。</td><td colspan="2">1. 陆承平. 兽医微生物学. 5 版. 北京：中国农业出版社，2013.
2. 胡建和，等. 动物微生物学. 北京：科学出版社，2017.</td></tr>
<tr><td rowspan="3">考核标准</td><td>知识考核</td><td>能力考核</td><td>素质考核</td></tr>
<tr><td>1. 查阅相关资料，完成资讯问题。
2. 准确回答任务测试题。
3. 任务总结表书写规范。</td><td>1. 能准确说出消毒剂的作用机理。
2. 能准确说出常用的消毒剂种类。
3. 能熟悉化学消毒剂的影响因素。</td><td>1. 遵守学习纪律，服从教师指导。
2. 团结同学，互帮互助。
3. 思路清晰，描述准确。
4. 珍爱动物生命。</td></tr>
<tr><td colspan="3">注：在实际考核过程中，教师可根据考核标准确定优秀、良好、及格和不及格。优秀 90～100 分；良好 80～89 分；及格 60～79 分；不及格 60 分以下。</td></tr>
</table>

【任务实施】

任务实施　　任务视频　　任务习题

【任务总结】

任务总结表

类 别	内 容	要 点
任务实施	消毒剂	1.什么是消毒剂？
		2.消毒剂的作用机理有哪些？
		3.常用消毒剂的种类。
		4.影响化学消毒剂作用的因素有哪些？
	化学治疗剂	化学治疗剂的概念。

【任务测试】

1.课后提交任务总结表。

2.根据测试结果，指导教师对每位同学做出评价。

【任务小结】

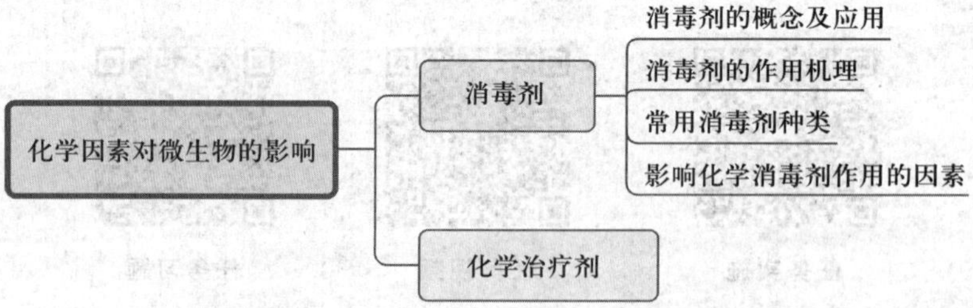

任务四　生物因素对微生物的影响

【学习目标】

通过本课程的学习，使同学们了解生物之间的相互关系；认识噬菌体；掌握抗生素、植物杀菌素和细菌素的概念。

【任务分析】

任务单

<table>
<tr><td>任务名称</td><td colspan="3">生物因素对微生物的影响</td></tr>
<tr><td>意义作用</td><td colspan="3">了解生物之间的相互关系；认识噬菌体；掌握抗生素、植物杀菌素和细菌素的概念，为今后更好地利用、控制和消灭有害微生物提供了有利保障。</td></tr>
<tr><td>任务描述</td><td colspan="3">了解生物之间的相互关系；认识噬菌体；掌握抗生素、植物杀菌素和细菌素的概念。</td></tr>
<tr><td>完成条件</td><td colspan="3">智能手机，多媒体教学设备。</td></tr>
<tr><td rowspan="2">任务资讯</td><td>资讯问题</td><td colspan="2">参考资料</td></tr>
<tr><td>1. 什么是共生、共栖、寄生、拮抗？
2. 噬菌体的作用。
3. 说出抗生素、植物杀菌素和细菌素的区别。</td><td colspan="2">1. 郝民忠. 动物微生物. 2 版. 重庆：重庆大学出版社，2015.
2. 裴春生，张进隆. 动物微生物与免疫与应用，北京：中国农业大学出版社，2015.</td></tr>
<tr><td rowspan="3">考核标准</td><td>知识考核</td><td>能力考核</td><td>素质考核</td></tr>
<tr><td>1. 查阅相关资料，完成资讯问题。
2. 准确回答任务测试题。
3. 任务总结表书写规范。</td><td>1. 能准确说出共生、共栖、寄生、拮抗的概念。
2. 能准确说出抗生素、植物杀菌素和细菌素的区别。</td><td>1. 遵守学习纪律，服从教师指导。
2. 团结同学，互帮互助。
3. 思路清晰，描述准确。
4. 珍爱动物生命。</td></tr>
<tr><td colspan="3">注：在实际考核过程中，教师可根据考核标准确定优秀、良好、及格和不及格。优秀 90～100 分；良好 80～89 分；及格 60～79 分；不及格 60 分以下。</td></tr>
</table>

【任务实施】

任务实施　　任务视频　　任务习题

【任务总结】

任务总结表

类　别	内　容	要　点
任务实施	生物之间的相互关系	1. 什么是共生？ 2. 什么是共栖？ 3. 什么是寄生？ 4. 什么是拮抗？
	噬菌体	噬菌体的概念及作用。
	抗生素、植物杀菌素和细菌素	抗生素、植物杀菌素和细菌素之间有何区别？

【任务测试】

1. 课后提交任务总结表。

2. 根据测试结果，指导教师对每位同学做出评价。

【任务小结】

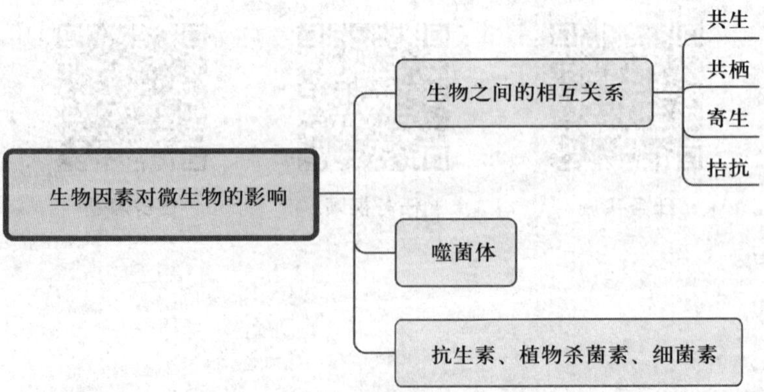

项目五

传　　染

任务一　细菌的致病性

【学习目标】

通过本课程的学习，使同学们了解致病菌、条件性致病菌和非病原性细菌及毒力的概念；掌握构成病原菌的毒力取决于侵袭力和毒素。

【任务分析】

任务单

任务名称	细菌的致病性		
意义作用	了解致病菌、条件性致病菌、非病原性细菌、毒力及侵袭力和毒素的概念；掌握构成病原菌侵袭力的表现及内、外毒素之间的区别，从而使人类认识致病菌，防止感染有重要意义。		
任务描述	能够说出致病菌、条件性致病菌、非病原性细菌、毒力及侵袭力和毒素的概念；掌握侵袭力的表现以及内、外毒素之间的区别。		
完成条件	智能手机，多媒体教学设备。		
任务资讯	资讯问题	参考资料	
	1.什么是致病菌？ 2.什么是条件性致病菌？ 3.什么是侵袭力？表现在哪些方面？ 4.内、外毒素之间的区别。	陆承平.兽医微生物学.5版.北京:中国农业出版社,2013.	
考核标准	知识考核	能力考核	素质考核
	1.查阅相关资料，完成资讯问题。 2.准确回答任务测试题。 3.任务总结表书写规范。	1.能准确说出致病菌及条件致病菌的概念。 2.能准确说出侵袭力的概念及表现。 3.能准确区分外毒素与内毒素。	1.遵守学习纪律，服从教师指导。 2.团结同学，互帮互助。 3.思路清晰，描述准确。 4.珍爱动物生命。
	注：在实际考核过程中，教师可根据考核标准确定优秀、良好、及格和不及格。优秀 90～100 分；良好 80～89 分；及格 60～79 分；不及格 60 分以下。		

【任务实施】

任务实施　　任务视频　　任务习题

【任务总结】

任务总结表

类　别	内　容	要　点
任务实施	细菌的致病性概述	1.什么是致病菌？ 2.什么是条件性致病菌？ 3.什么是非病原性细菌？ 4.什么是毒力？
	侵袭力	1.侵袭力的概念。 2.细菌的侵袭力表现在哪些方面？
	毒素	1.外毒素与内毒的区别有哪些？ 2.什么是类毒素？

【任务测试】

1.课后提交任务总结表。

2.根据测试结果，指导教师对每位同学做出评价。

【任务小结】

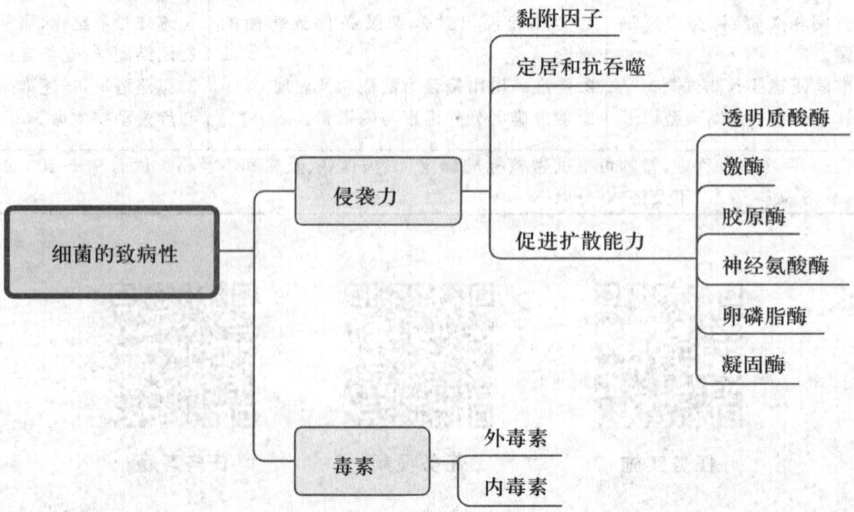

任务二 病毒的致病性

【学习目标】

通过本课程的学习，使同学们掌握病毒对宿主细胞的致病作用及病毒对宿主机体的致病作用。

【任务分析】

任务单

<table>
<tr><td>任务名称</td><td colspan="6">病毒的致病性</td></tr>
<tr><td>意义作用</td><td colspan="6">掌握病毒对宿主细胞的致病作用及病毒对宿主机体的致病作用，对人类认识病毒，防止感染有重要指导意义。</td></tr>
<tr><td>任务描述</td><td colspan="6">掌握病毒对宿主细胞致病作用的特点；掌握病毒对宿主机体致病作用的特点。</td></tr>
<tr><td>完成条件</td><td colspan="6">智能手机，多媒体教学设备。</td></tr>
<tr><td rowspan="2">任务资讯</td><td colspan="3">资讯问题</td><td colspan="3">参考资料</td></tr>
<tr><td colspan="3">1. 什么是杀细胞性感染、稳定性感染、整合感染？
2. 什么病毒的持续感染？</td><td colspan="3">1. 刘志恒. 现代微生物学. 北京：科学出版社，2002.
2. 周德庆. 微生物学教程. 2 版. 北京：高等教育出版社，2012.
3. 崔保安. 动物微生物学. 3 版. 北京：中国农业出版社，2005.</td></tr>
<tr><td rowspan="3">考核标准</td><td colspan="2">知识考核</td><td colspan="2">能力考核</td><td colspan="2">素质考核</td></tr>
<tr><td colspan="2">1. 查阅相关资料，完成资讯问题。
2. 准确回答任务测试题。
3. 任务总结表书写规范。</td><td colspan="2">1. 能准确说出病毒对宿主细胞致病作用的特点。
2. 能准确说出病毒对宿主机体的致病作用的特点。</td><td colspan="2">1. 遵守学习纪律，服从教师指导。
2. 团结同学，互帮互助。
3. 思路清晰，描述准确。
4. 珍爱动物生命。</td></tr>
<tr><td colspan="6">注：在实际考核过程中，教师可根据考核标准确定优秀、良好、及格和不及格。优秀 90～100 分；良好 80～89 分；及格 60～79 分；不及格 60 分以下。</td></tr>
</table>

【任务实施】

任务实施　　任务视频

【任务总结】

任务总结表

类　别	内　容	要　点
任务实施	对宿主细胞的致病作用	病毒对宿主细胞的致病作用表现在哪些方面？
	对宿主机体的致病作用	病毒对宿主机体的致病作用表现在哪些方面？

【任务测试】

1.课后提交任务总结表。

2.根据测试结果，指导教师对每位同学做出评价。

【任务小结】

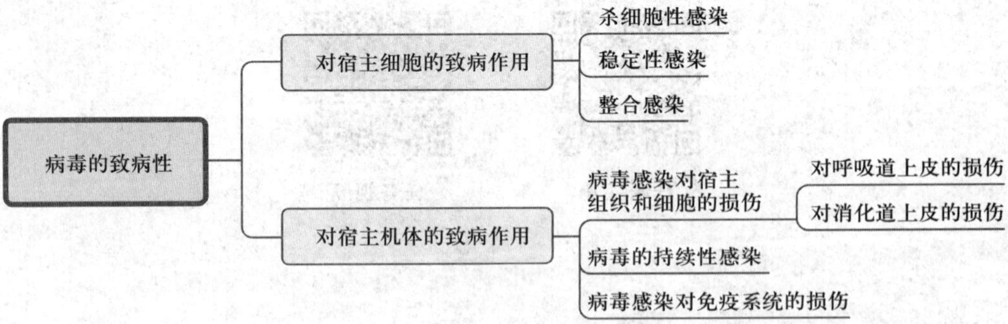

任务三 传染发生的条件

【学习目标】

通过本课程的学习，使同学们了解传染的概念以及引起传染发生的相关条件，包括病原微生物、宿主机体、外界环境条件等因素对传染的影响，形成防控传染发生的综合性思维。

【任务分析】

任务单

<table>
<tr><td>任务名称</td><td colspan="3">传染发生的条件</td></tr>
<tr><td>意义作用</td><td colspan="3">了解传染的概念以及引起传染发生的条件，对预防和控制传染的发生具有重要意义。</td></tr>
<tr><td>任务描述</td><td colspan="3">能够说出传染的概念；了解并掌握传染发生的条件。</td></tr>
<tr><td>完成条件</td><td colspan="3">智能手机，多媒体教学设备。</td></tr>
<tr><td rowspan="2">任务资讯</td><td>资讯问题</td><td colspan="2">参考资料</td></tr>
<tr><td>1. 什么是传染？
2. 传染发生的条件有哪些？</td><td colspan="2">1. 蔡宝祥. 家畜传染病学. 4 版. 北京：中国农业出版社，2001.
2. 费恩阁，李德昌，丁壮. 动物疫病学. 北京：中国农业出版社，2004.</td></tr>
<tr><td rowspan="3">考核标准</td><td>知识考核</td><td>能力考核</td><td>素质考核</td></tr>
<tr><td>1. 查阅相关资料，完成资讯问题。
2. 准确回答任务测试题。
3. 任务总结表书写规范。</td><td>1. 能准确说出传染的概念。
2. 能准确说出引起传染发生的条件。</td><td>1. 遵守学习纪律，服从教师指导。
2. 团结同学，互帮互助。
3. 思路清晰，描述准确。
4. 珍爱动物生命。</td></tr>
<tr><td colspan="3">注：在实际考核过程中，教师可根据考核标准确定优秀、良好、及格和不及格。优秀 90～100 分；良好 80～89 分；及格 60～79 分；不及格 60 分以下。</td></tr>
</table>

【任务实施】

任务实施　　任务视频　　任务习题

【任务总结】

任务总结表

类 别	内 容	要 点
任务实施	传染的概念	什么是传染？
	病原微生物	病原微生物的传染依赖哪些因素？为什么？
	宿主机体	宿主机体与传染之间有哪些关联？
	外界环境条件	外界环境条件对传染有何作用？

【任务测试】

1. 课后提交任务总结表。

2. 根据测试结果，指导教师对每位同学做出评价。

【任务小结】

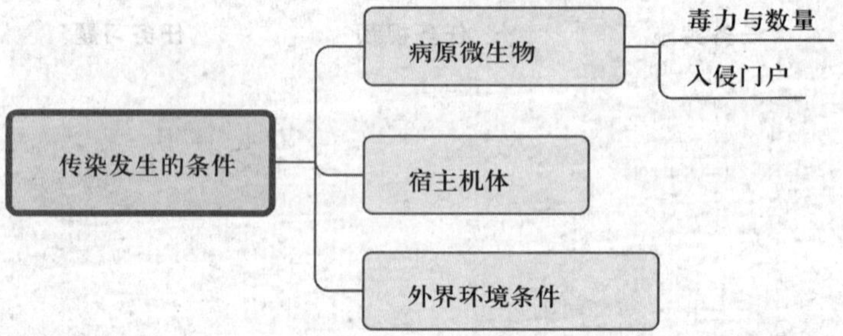

项目六

微生物的变异现象

任务一　微生物的变异现象

【学习目标】

通过本课程的学习，请同学们掌握什么是微生物的变异现象，能够说出微生物的变异现象具体包含哪些变异，并能举例说明，建立微生物遗传变异的渐进性思维。

【任务分析】

任务单

<table>
<tr><td>任务名称</td><td colspan="3">微生物的变异现象</td></tr>
<tr><td>意义作用</td><td colspan="3">微生物的变异现象包括微生物的形态变异、结构变异、菌落的变异、毒力变异，知道并掌握微生物的变异，可以进一步充分地研究微生物，从而更好地造福人类。</td></tr>
<tr><td>任务描述</td><td colspan="3">能够说出微生物的变异现象；微生物变异包括哪些内容的变异，并且能举例说明。</td></tr>
<tr><td>完成条件</td><td colspan="3">智能手机，多媒体教学设备。</td></tr>
<tr><td rowspan="2">任务资讯</td><td>资讯问题</td><td colspan="2">参考资料</td></tr>
<tr><td>微生物的变异现象包括哪些？</td><td colspan="2">1. 葛兆宏. 动物微生物. 北京：中国农业出版社，2000.
2. 刘志恒. 现代微生物学. 北京：科学出版社，2002.
3. 周德庆. 微生物学教程. 2 版. 北京：高等教育出版社，2012.</td></tr>
<tr><td rowspan="3">考核标准</td><td>知识考核</td><td>能力考核</td><td>素质考核</td></tr>
<tr><td>1. 查阅相关资料，完成资讯问题。
2. 准确回答任务测试题。
3. 任务总结表书写规范。</td><td>微生物的变异现象包括哪些？</td><td>1. 遵守学习纪律，服从教师指导。
2. 团结同学，互帮互助。
3. 思路清晰，描述准确。
4. 珍爱动物生命。</td></tr>
<tr><td colspan="3">注：在实际考核过程中，教师可根据考核标准确定优秀、良好、及格和不及格。优秀 90～100 分；良好 80～89 分；及格 60～79 分；不及格 60 分以下。</td></tr>
</table>

【任务实施】

任务实施　　任务视频　　任务习题

【任务总结】

任务总结表

类　别	内　容	要　点
任务实施	微生物的变异现象	1. 微生物形态变异。 2. 微生物结构变异，哪些微生物的结构容易变异？ 3. 菌落的变异中，简单说明光滑型(S)与粗糙型(R)细菌菌落的区别。 4. 微生物毒力变异，举例说明利用微生物毒力变异在实际生产中的具体应用。 5. 引起微生物耐药性变异的因素有哪些？

【任务测试】

1. 课后提交任务总结表。
2. 根据测试结果，指导教师对每位同学做出评价。

【任务小结】

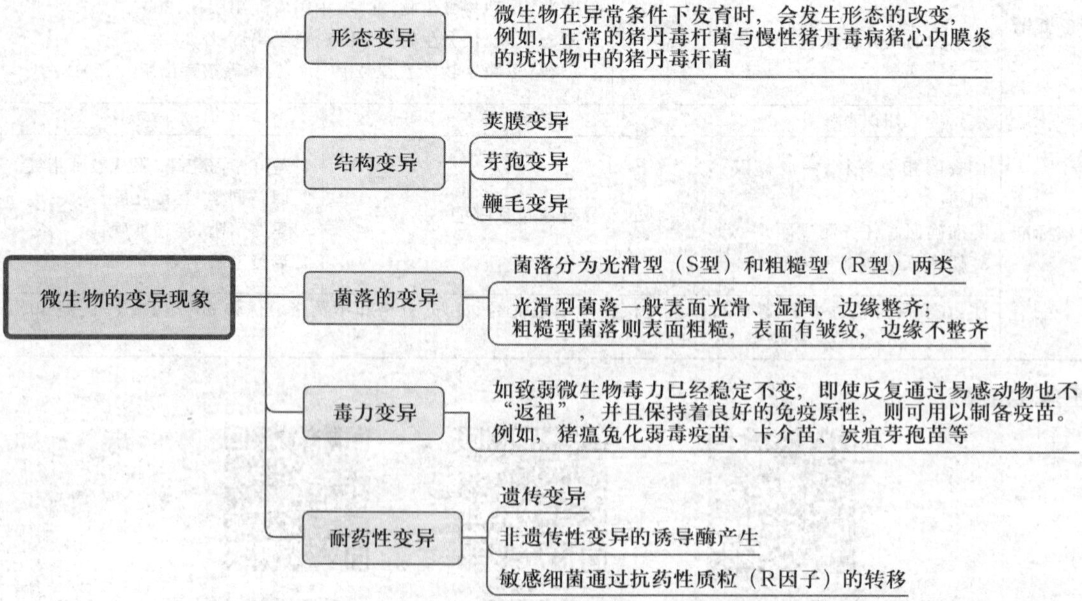

任务二 微生物遗传变异的物质基础

【学习目标】

通过本课程的学习，请同学们掌握微生物遗传变异的物质基础，能够说出微生物遗传变异的物质基础具体包含哪些，并能举例说明，建立科学研究与发现的思维。

【任务分析】

任务单

任务名称	微生物遗传变异的物质基础		
意义作用	微生物遗传变异的物质基础包括基因组与质粒、转座因子与毒力岛，知道并掌握微生物遗传变异的物质基础，可以进一步认识微生物，为进一步地研究微生物奠定基础，从而更好地造福人类。		
任务描述	能够说出微生物遗传变异的物质基础；掌握微生物遗传变异的物质基础包括哪些因素？		
完成条件	智能手机，多媒体教学设备。		
任务资讯	资讯问题	参考资料	
	微生物遗传变异的物质基础的包括哪些？	1. 陆承平. 兽医微生物学. 5 版. 北京：中国农业出版社，2013. 2. 杨玉平. 动物微生物. 北京. 中国轻工业出版社，2012. 3. 郝民忠. 动物微生物. 2 版. 重庆：重庆大学出版社，2015.	
考核标准	知识考核	能力考核	素质考核
	1. 查阅相关资料，完成资讯问题。 2. 准确回答任务测试题。 3. 任务总结表书写规范。	微生物遗传变异的物质基础包括哪些？	1 谭守学习纪律，服从教师指导。 2. 团结同学，互帮互助。 3. 思路清晰，描述准确。 4. 珍爱动物生命。
	注：在实际考核过程中，教师可根据考核标准确定优秀、良好、及格和不及格。优秀 90～100 分；良好 80～89 分；及格 60～79 分；不及格 60 分以下。		

【任务实施】

任务实施

【任务总结】

任务总结表

类　别	内　容	要　点
任务实施	微生物遗传变异的物质基础	1. 微生物遗传变异基础中的基因组在微生物遗传变异中的作用。 2. 什么是微生物遗传变异基础中的质粒? 3. 微生物遗传变异基础中的转座因子具有的特点。 4. 微生物遗传变异基础中的毒力岛的细菌特点。

【任务测试】

1. 课后提交任务总结表。

2. 根据测试结果,指导教师对每位同学做出评价。

【任务小结】

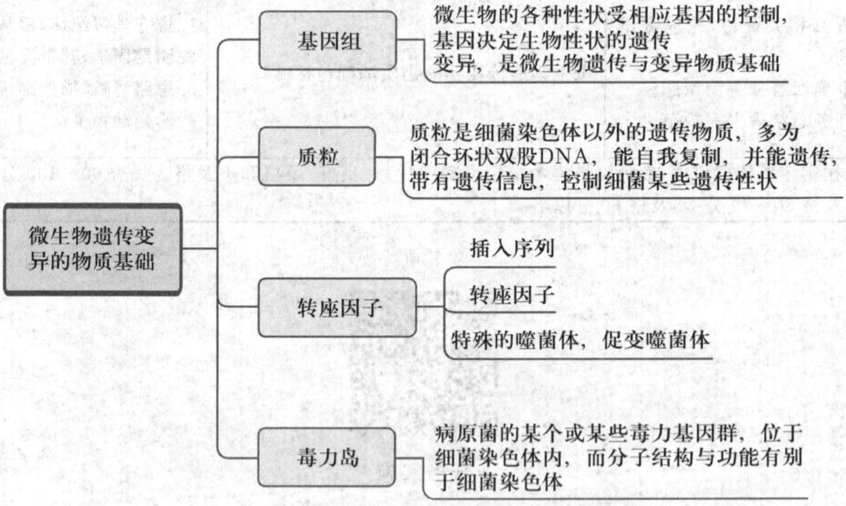

任务三 基因工程

【学习目标】

通过本课程的学习，请同学们掌握什么是基因工程，能够说出基因工程操作的具体步骤，能够通过查阅资料向同学介绍转基因技术的操作要点，辨析转基因食品的利与弊。

【任务分析】

任务单

<table>
<tr><td>任务名称</td><td colspan="3">基因工程</td></tr>
<tr><td>意义作用</td><td colspan="3">基因工程是用人工方法将所需要的某一供体生物的 DNA 大分子提取出来，在离体的条件下用适当的工具酶切割，把它作为载体的 DNA 分子连接起来，然后与载体一起导入某一易生长、易繁殖的受体细胞中，让外源遗传物质在其中“安家落户”，进行正常的复制和表达，从而获得新的产物，更好地造福人类。</td></tr>
<tr><td>任务描述</td><td colspan="3">能够说出基因工程操作的具体步骤；举例说明基因工程的成就。</td></tr>
<tr><td>完成条件</td><td colspan="3">智能手机，多媒体教学设备。</td></tr>
<tr><td rowspan="2">任务资讯</td><td colspan="2">资讯问题</td><td>参考资料</td></tr>
<tr><td colspan="2">1. 能够说出基因工程操作的具体步骤。
2. 举例说明基因工程的成就。</td><td>1. 陆承平. 兽医微生物学. 5 版. 北京：中国农业出版社，2013.
2. 杨玉平. 动物微生物. 北京. 中国轻工业出版社，2012.
3. 郝民忠. 动物微生物. 2 版. 重庆：重庆大学出版社，2015.</td></tr>
<tr><td rowspan="3">考核标准</td><td>知识考核</td><td>能力考核</td><td>素质考核</td></tr>
<tr><td>1. 查阅相关资料，完成资讯问题。
2. 准确回答任务测试题。
3. 任务总结表书写规范。</td><td>1. 能够说出基因工程操作的具体步骤。
2. 举例说明基因工程的成就。</td><td>1. 遵守学习纪律，服从教师指导。
2. 团结同学，互帮互助。
3. 思路清晰，描述准确。
4. 珍爱动物生命。</td></tr>
<tr><td colspan="3">注：在实际考核过程中，教师可根据考核标准确定优秀、良好、及格和不及格。优秀 90～100 分；良好 80～89 分；及格 60～79 分；不及格 60 分以下。</td></tr>
</table>

【任务实施】

任务实施

任务视频

【任务总结】

任务总结表

类　别	内　容	要　点
任务实施	基因工程	1. 能够说出基因工程操作的具体步骤。 2. 举例说明基因工程的成就。

【任务测试】

1. 课后提交任务总结表。
2. 根据测试结果，指导教师对每位同学做出评价。

【任务小结】

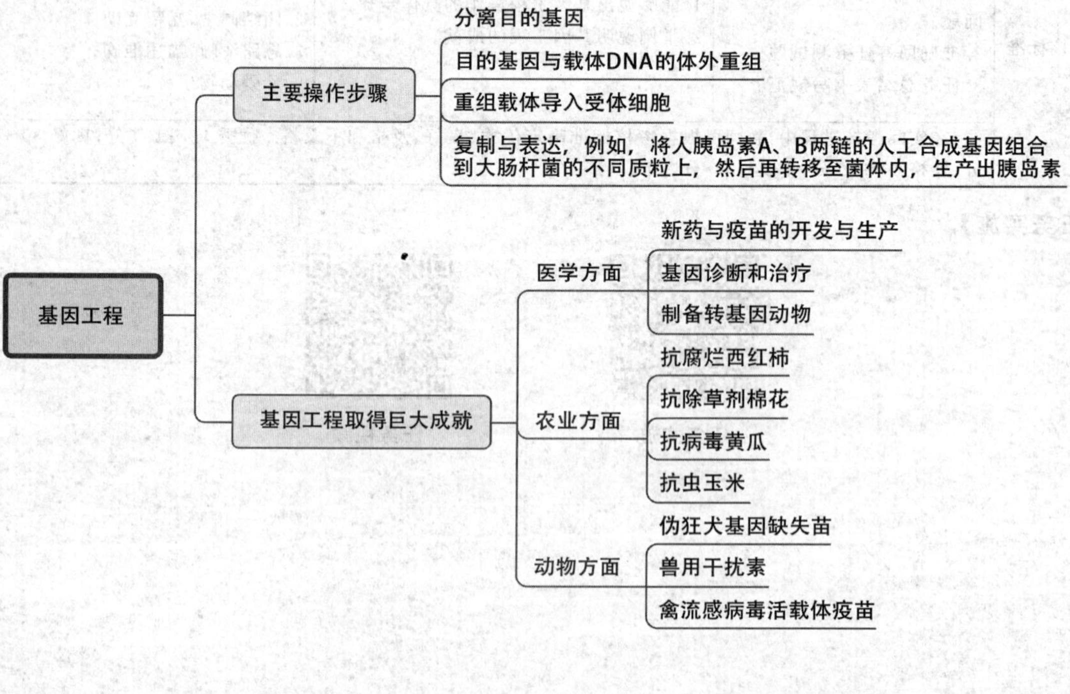

项目七

微生物与饲料

任务一　单细胞蛋白饲料

【学习目标】

通过本课程的学习，请同学们掌握什么是单细胞蛋白饲料，能够举例说出常用的单细胞蛋白质饲料，青贮饲料青贮各时期存在哪些微生物的活动，影响乳酸发酵的因素以及微生物酶制剂的应用，建立合理利用微生物为人类社会服务的生产性思维。

【任务分析】

任务单

<table>
<tr><td>任务名称</td><td colspan="3">单细胞蛋白饲料</td></tr>
<tr><td>意义作用</td><td colspan="3">单细胞生物体内丰富的蛋白质属于单细胞蛋白(简称 SCP)，单细胞蛋白可用于饲料也可用于开发人类新型食品。酵母菌、白地霉、藻类及部分细菌、放线菌充分繁殖，可形成大量的单细胞蛋白，由单细胞微生物或藻类生产的高蛋白饲料称为单细胞蛋白饲料。单细胞蛋白饲料不仅营养价值高，而且易于进行工厂化生产，常用的单细胞蛋白质饲料主要有酵母饲料、地霉饲料、石油蛋白和藻类饲料。</td></tr>
<tr><td>任务描述</td><td colspan="3">能够说出单细胞蛋白饲料种类；能够举例说出常用的单细胞蛋白质饲料；青贮饲料青贮各时期存在哪些微生物的活动；影响乳酸发酵的因素以及微生物酶制剂的应用。</td></tr>
<tr><td>完成条件</td><td colspan="3">智能手机，多媒体教学设备。</td></tr>
<tr><td rowspan="2">任务资讯</td><td>资讯问题</td><td colspan="2">参考资料</td></tr>
<tr><td>1. 能够说出什么是单细胞蛋白饲料？
2. 能够举例说出常用的单细胞蛋白质饲料。
3. 青贮饲料青贮各时期存在哪些微生物的活动？
4. 影响乳酸发酵的因素。
5. 微生物酶制剂的应用。</td><td colspan="2">1. 陆承平. 兽医微生物学. 5 版. 北京：中国农业出版社，2013.
2. 杨玉平. 动物微生物. 北京. 中国轻工业出版社，2012.
3. 郝民忠. 动物微生物. 2 版. 重庆：重庆大学出版社，2015.</td></tr>
<tr><td rowspan="3">考核标准</td><td>知识考核</td><td>能力考核</td><td>素质考核</td></tr>
<tr><td>1. 查阅相关资料，完成资讯问题。
2. 准确回答任务测试题。
3. 任务总结表书写规范。</td><td>1. 能够说出什么是单细胞蛋白饲料？
2. 能够举例说出常用的单细胞蛋白质饲料。
3. 青贮饲料青贮各时期存在哪些微生物的活动？
4. 影响乳酸发酵的因素。
5. 微生物酶制剂的应用。</td><td>1. 遵守学习纪律，服从教师指导。
2. 团结同学，互帮互助。
3. 思路清晰，描述准确。
4. 珍爱动物生命。</td></tr>
<tr><td colspan="3">注：在实际考核过程中，教师可根据考核标准确定优秀、良好、及格和不及格。优秀 90～100 分；良好 80～89 分；及格 60～79 分；不及格 60 分以下。</td></tr>
</table>

【任务实施】

任务实施

【任务总结】

任务总结表

类 别	内 容	要 点
任务实施	单细胞蛋白饲料	1.能够说出什么是单细胞蛋白饲料？ 2.能够举例说出常用的单细胞蛋白质饲料。 3.青贮饲料青贮各时期存在哪些微生物活动？ 4.影响乳酸发酵的因素。 5.微生物酶制剂的应用。

【任务测试】

1.课后提交任务总结表。

2.根据测试结果，指导教师对每位同学做出评价。

【任务小结】

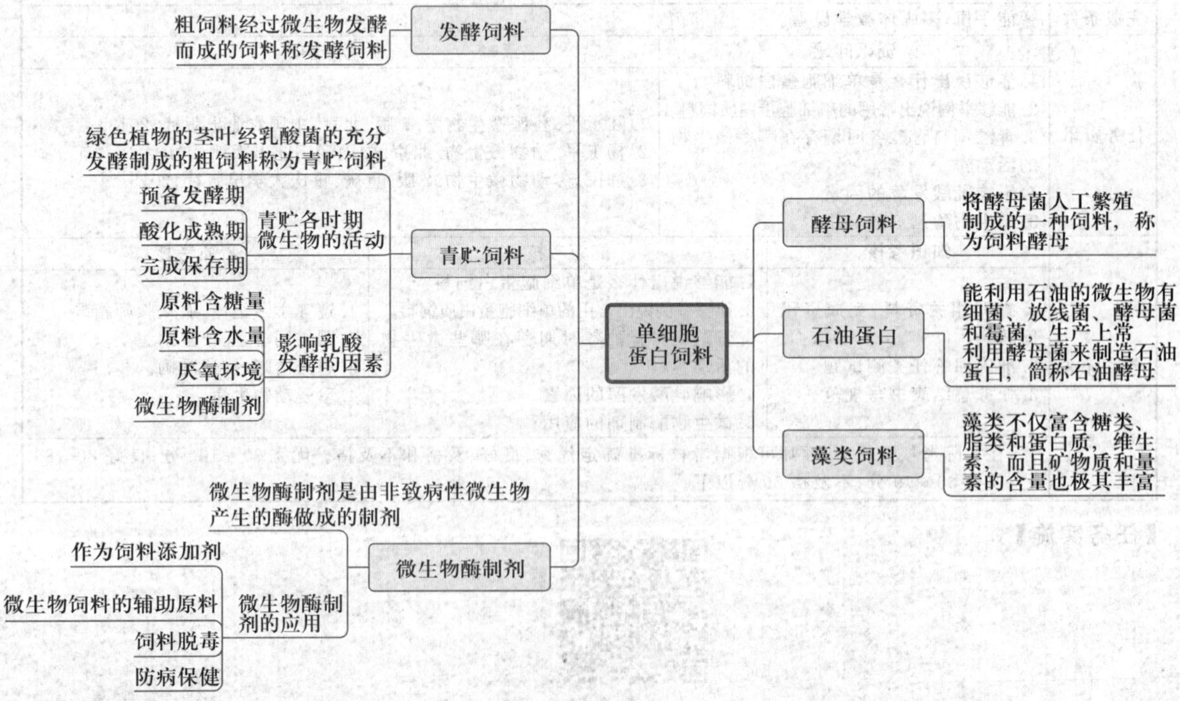

任务二 微生态制剂

【学习目标】

通过本课程的学习，请同学们掌握什么是微生态制剂，能够举例说出常用的单细胞蛋白质饲料，青贮饲料青贮各时期存在哪些微生物的活动，影响乳酸发酵的因素以及微生物酶制剂的应用，建立合理应用微生态制剂的应用性思维。

【任务分析】

任务单

<table>
<tr><td>任务名称</td><td colspan="6">微生态制剂</td></tr>
<tr><td>意义作用</td><td colspan="6">微生态制剂是根据微生态学理论研制的含有对动物有益的微生物及其代谢产物的活菌制剂和低聚糖寡糖类制剂，是近年来发展迅速的一类新制品。它们通过维持动物肠道内微生态平衡而发挥作用，具有促进动物生长发育，提高动物机体免疫力等多种功能，且具有无污染、无残留、不产生耐药性和对环境无害等优点，是一类新型绿色环保型饲料添加剂。微生态制剂常常使用一株或几株细菌制成不同剂型，直接用于口服、拌料或溶于水中；或局部用于上呼吸道、尿道及生殖道；或对出壳的鸡群进行喷雾使用。</td></tr>
<tr><td>任务描述</td><td colspan="6">能够说出什么是微生态制剂；掌握动物微生态制剂的种类；了解动物微生态制剂的应用前景和存在的问题；掌握饲料的霉菌污染及对饲料的危害；知道霉菌的防治措施。</td></tr>
<tr><td>完成条件</td><td colspan="6">智能手机，多媒体教学设备。</td></tr>
<tr><td rowspan="2">任务资讯</td><td colspan="3">资讯问题</td><td colspan="3">参考资料</td></tr>
<tr><td colspan="3">1. 能够说出什么是微生态制剂？
2. 掌握动物微生态制剂的种类。
3. 了解动物微生态制剂的应用前景和存在的问题。
4. 掌握饲料的霉菌污染及对饲料的危害。
5. 知道霉菌的防治措施。</td><td colspan="3">1. 陆承平. 兽医微生物学. 5 版. 北京：中国农业出版社，2013.
2. 刘志恒. 现代微生物学. 北京：科学出版社，2002.
3. 周德庆. 微生物学教程. 2 版. 北京：高等教育出版社，2012.</td></tr>
<tr><td rowspan="3">考核标准</td><td colspan="2">知识考核</td><td colspan="2">能力考核</td><td colspan="2">素质考核</td></tr>
<tr><td colspan="2">1. 查阅相关资料，完成资讯问题。
2. 准确回答任务测试题。
3. 任务总结表书写规范。</td><td colspan="2">1. 能够说出什么是微生态制剂？
2. 掌握动物微生态制剂的种类。
3. 了解动物微生态制剂的应用前景和存在的问题。
4. 掌握饲料的霉菌污染及对饲料的危害。
5. 知道霉菌的防治措施。</td><td colspan="2">1. 遵守学习纪律，服从教师指导。
2. 团结同学，互帮互助。
3. 思路清晰，描述准确。
4. 珍爱动物生命。</td></tr>
<tr><td colspan="6">注：在实际考核过程中，教师可根据考核标准确定优秀、良好、及格和不及格。优秀 90～100 分；良好 80～89 分；及格 60～79 分；不及格 60 分以下。</td></tr>
</table>

【任务实施】

任务实施

【任务总结】

任务总结表

类　别	内　容	要　点
任务实施	微生态制剂	1.能够说出什么是微生态制剂。 2.掌握动物微生态制剂的种类。 3.了解动物微生态制剂的应用前景和存在的问题。 4.掌握饲料的霉菌污染及对饲料的危害。 5.知道霉菌的防治措施。

【任务测试】

1.课后提交任务总结表。

2.根据测试结果,指导教师对每位同学做出评价。

【任务小结】

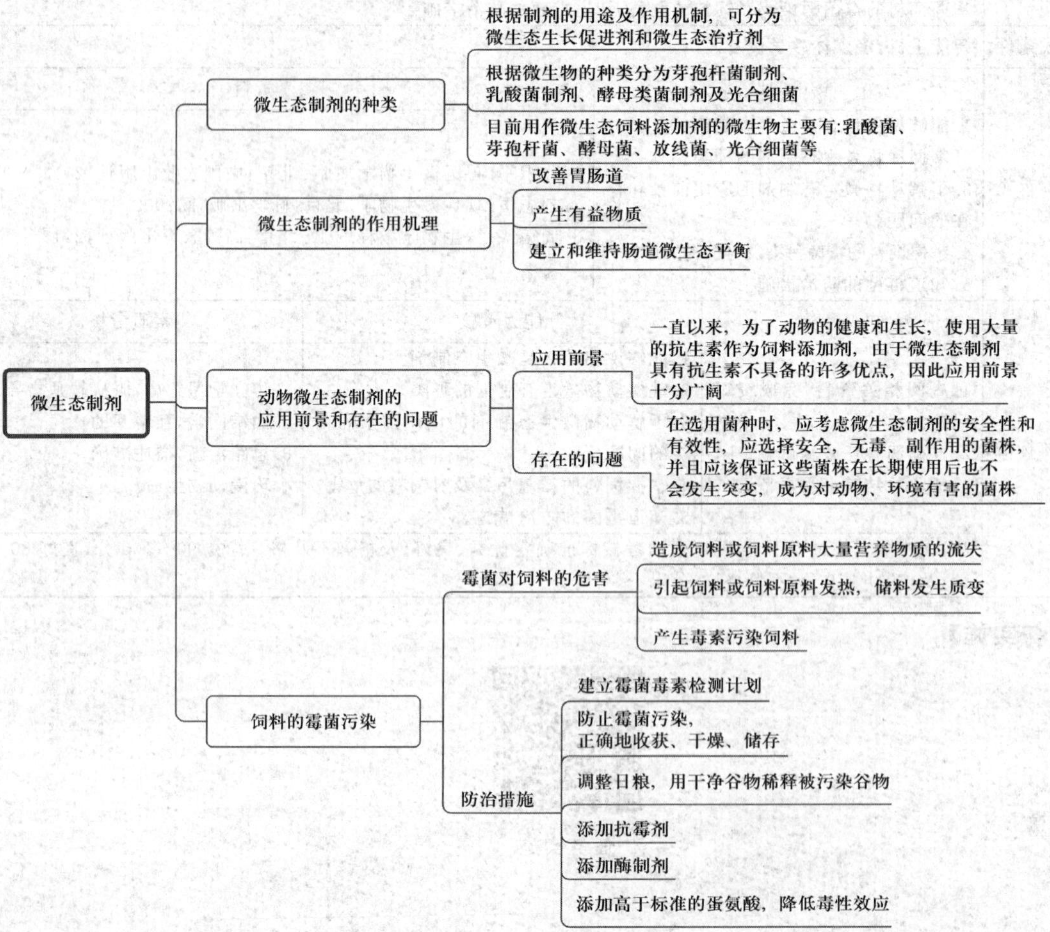

项目八

免疫学基础

任务一　免疫概述

【学习目标】

通过本课程的学习，请同学们了解免疫的概念，能够说出免疫的分类方式，能够组织语言向同学们介绍免疫的特点，建立增强免疫，提高畜禽健康的科学思维。

【任务分析】

任务单

<table>
<tr><td>任务名称</td><td colspan="3">免疫概述</td></tr>
<tr><td>意义作用</td><td colspan="3">免疫学是研究机体自我识别和对抗原性异物排斥反应的一门科学。机体对外源性或内源性的异物进行识别、排斥和清除的过程，即“识别异己”和“排斥异己”的反应，以维持机体内外环境相对平衡和稳定。换句话说，免疫是机体识别和清除非自身的大分子物质，从而保持机体内外环境平衡的生理学反应。通过对免疫的学习，我们能够掌握免疫是什么，免疫学的发展过程，免疫的特性，免疫的功能。</td></tr>
<tr><td>任务描述</td><td colspan="3">能够说出免疫的概念；了解免疫学的发展过程；掌握免疫的功能；能够说出免疫的特点。</td></tr>
<tr><td>完成条件</td><td colspan="3">智能手机，多媒体教学设备。</td></tr>
<tr><td rowspan="2">任务资讯</td><td colspan="2">资讯问题</td><td>参考资料</td></tr>
<tr><td colspan="2">1.免疫是什么？
2.免疫的特点有哪些？
3.免疫的功能。</td><td>1.杨汉春.动物免疫学.3版.北京：中国农业大学出版社，2020.
2.崔治中.兽医免疫学.2版.北京：中国农业出版社，2015.
3.王世若，王兴龙，韩文瑜.现代动物免疫学.吉林：吉林科学技术出版社，2001.</td></tr>
<tr><td rowspan="3">考核标准</td><td>知识考核</td><td>能力考核</td><td>素质考核</td></tr>
<tr><td>1.查阅相关资料，完成资讯问题。
2.准确回答任务测试题。
3.任务总结表书写规范。</td><td>1.能准确说出免疫的概念。
2.能准确说出免疫的特点。
3.能准确讲述免疫的功能。</td><td>1.遵守学习纪律，服从教师指导。
2.团结同学，互帮互助。
3.思路清晰，描述准确。
4.珍爱动物生命。</td></tr>
<tr><td colspan="3">注：在实际考核过程中，教师可根据考核标准确定优秀、良好、及格和不及格。优秀90～100分；良好80～89分；及格60～79分；不及格60分以下。</td></tr>
</table>

【任务实施】

任务实施　　任务视频　　任务习题

【任务总结】

任务总结表

类 别	内 容	要 点
任务实施	免疫的概念	什么是免疫？
	免疫的特点	1. 免疫的识别。 2. 免疫的特异性。 3. 免疫的记忆。
	免疫的功能	1. 免疫防御的功能是什么？ 2. 免疫稳定的功能是什么？ 3. 免疫监视的功能是什么？
	免疫学的发展史	1. 经典免疫学建立。 2. 现代免疫学建立。

【任务测试】

1. 课后提交任务总结表。

2. 根据测试结果，指导教师对每位同学做出评价。

【任务小结】

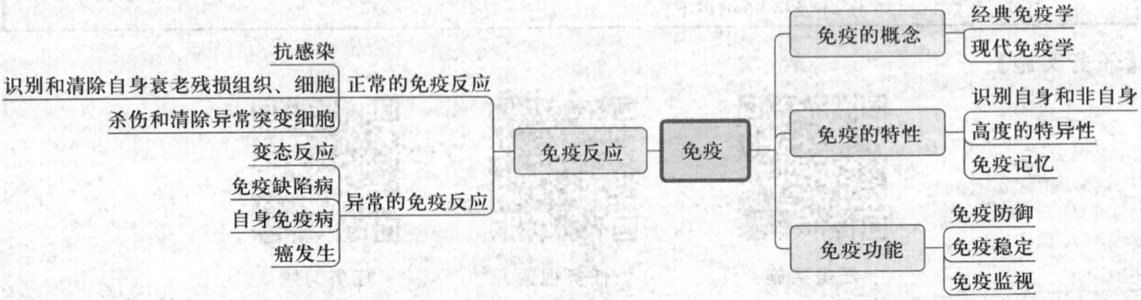

任务二　免疫的分类

【学习目标】

通过本课程的学习，请同学们了解免疫的类型，能够说出特异性免疫和非特异性免疫的关系，免疫与传染的关系，建立非特异性免疫系统发挥功能的整体结构性思维。

【任务分析】

任务单

<table>
<tr><td>任务名称</td><td colspan="3">免疫分类</td></tr>
<tr><td>意义作用</td><td colspan="3">机体的免疫一般按免疫的产生及其特点，可分为非特异性免疫和特异性免疫两大类。凡在生物进化过程中形成的先天性的，相对稳定的、无特殊针对性的、对付病原体的天然抵抗力称为非特异性免疫，也称先天免疫或自然免疫。特异性免疫是机体在后天受到异物刺激而产生的，针对该种异物的免疫清除作用，又称为获得性免疫或适应性免疫。</td></tr>
<tr><td>任务描述</td><td colspan="3">能够说出免疫的类型；了解微生物的分类；能够说出特异性免疫和非特异性免疫的关系，免疫与传染的关系等。</td></tr>
<tr><td>完成条件</td><td colspan="3">智能手机，多媒体教学设备。</td></tr>
<tr><td rowspan="2">任务资讯</td><td>资讯问题</td><td colspan="2">参考资料</td></tr>
<tr><td>1. 免疫的类型。
2. 特异性免疫和非特异性免疫的关系。
3. 免疫与传染的关系。</td><td colspan="2">1. 杨汉春. 动物免疫学. 3 版. 北京：中国农业大学出版社，2020.
2. 崔治中. 兽医免疫学. 2 版. 北京：中国农业出版社，2015.
3. 王世若，王兴龙，韩文瑜. 现代动物免疫学. 吉林：吉林科学技术出版社，2001.</td></tr>
<tr><td rowspan="3">考核标准</td><td>知识考核</td><td>能力考核</td><td>素质考核</td></tr>
<tr><td>1. 查阅相关资料，完成资讯问题。
2. 准确回答任务测试题。
3. 任务总结表书写规范。</td><td>1. 能准确说出免疫的类型。
2. 能准确说出特异性免疫和非特异性免疫的关系。
3. 能准确免疫与传染的关系。</td><td>1. 遵守学习纪律，服从教师指导。
2. 团结同学，互帮互助。
3. 思路清晰，描述准确。
4. 珍爱动物生命。</td></tr>
<tr><td colspan="3">注：在实际考核过程中，教师可根据考核标准确定优秀、良好、及格和不及格。优秀 90～100 分；良好 80～89 分；及格 60～79 分；不及格 60 分以下。</td></tr>
</table>

【任务实施】

任务实施　　任务视频　　任务习题

【任务总结】

任务总结表

类　别	内　容	要　点
任务实施	免疫的类型	免疫的类型是什么？
	特异性免疫和非特异性免疫的关系	1. 非特异性免疫的特点是什么？并举例。 2. 特异性免疫的特点是什么？并举例。 3. 特异性免疫与非特异性免疫的关系是什么？
	免疫与传染的关系	1. 免疫是机体的一种保护性生理反应，是指机体对外源性或内源性的异物进行识别排斥和清除的过程。 2. 传染是指病原微生物侵入机体后，在一定的部位生长、繁殖，并引起病理变化的过程。 3. 免疫与传染的关系。

【任务测试】

1. 课后提交任务总结表。

2. 根据测试结果，指导教师对每位同学做出评价。

【任务小结】

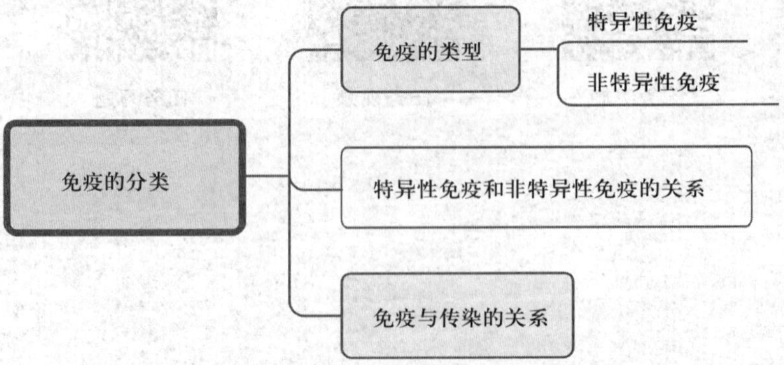

项目九

非特异性免疫

任务一　机体的防御屏障

【学习目标】

通过本课程的学习，请同学们了解机体的防御机能，能够说出机体的三种防御屏障。

【任务分析】

任务单

<table>
<tr><td>任务名称</td><td colspan="3">机体的防御屏障</td></tr>
<tr><td>意义作用</td><td colspan="3">动物机体的表面是抵抗病原体和异物侵入的第一道防线，主要包括皮肤、口腔、鼻腔、眼结膜、气管、胃肠道、泌尿生殖道等与外界相通的组织器官的黏膜组织。通过对机体防御屏障的学习，了解皮肤、黏膜、血脑屏障、胎盘屏障的作用。</td></tr>
<tr><td>任务描述</td><td colspan="3">能够说出机体防御机能的概念；了解防御屏障的种类；掌握各种防御屏障的机能过程。</td></tr>
<tr><td>完成条件</td><td colspan="3">智能手机，多媒体教学设备。</td></tr>
<tr><td rowspan="2">任务资讯</td><td colspan="2">资讯问题</td><td>参考资料</td></tr>
<tr><td colspan="2">1. 机体防御屏障的概念。
2. 各种防御屏障的机能过程。</td><td>1. 杨汉春. 动物免疫学. 3 版. 北京：中国农业大学出版社，2020.
2. 杜念兴. 兽医免疫学. 2 版. 北京：中国农业出版社，1997.
3. 王世若，王兴龙，韩文瑜. 现代动物免疫学. 2 版. 吉林：吉林科学技术出版社，2001.</td></tr>
<tr><td rowspan="3">考核标准</td><td>知识考核</td><td>能力考核</td><td>素质考核</td></tr>
<tr><td>1. 查阅相关资料，完成资讯问题。
2. 准确回答任务测试题。
3. 任务总结表书写规范。</td><td>1. 能准确说出防御屏障的概念。
2. 能准确说出防御屏障的种类。
3. 能准确描述各屏障的机理。</td><td>1. 遵守学习纪律，服从教师指导。
2. 团结同学，互帮互助。
3. 思路清晰，描述准确。
4. 珍爱动物生命。</td></tr>
<tr><td colspan="3">注：在实际考核过程中，教师可根据考核标准确定优秀、良好、及格和不及格。优秀 90～100 分；良好 80～89 分；及格 60～79 分；不及格 60 分以下。</td></tr>
</table>

【任务实施】

任务实施

【任务总结】

任务总结表

类别	内容	要点
任务实施	机体防御屏障概念	机体防御屏障是什么？
	皮肤、黏膜屏障	1.皮肤和黏膜的物理屏障作用的特点是什么？并举例。 2.皮肤和黏膜分泌物的化学屏障作用？并举例。 3.皮肤和某些腔道膜表面正常群的微生物屏障作用是什么？
	血脑屏障	1.血脑屏障的组成。 2.血脑屏障的作用。
	胎盘屏障	1.胎盘屏障的组成。 2.胎盘屏障的作用。

【任务测试】

1.课后提交任务总结表。

2.根据测试结果，指导教师对每位同学做出评价。

【任务小结】

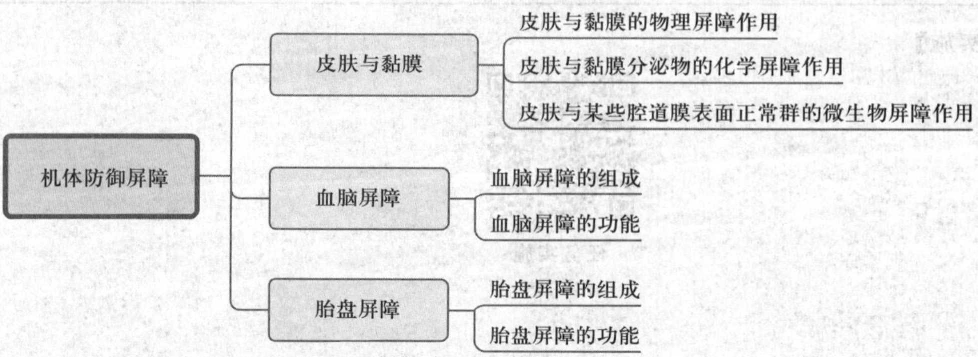

任务二　参与机体非特异性免疫的细胞

【学习目标】

通过本课程的学习，请同学们了解参与机体非特异性免疫的细胞种类，能够说出这些免疫细胞的功能。

【任务分析】

任务单

<table>
<tr><td>任务名称</td><td colspan="3">参与机体非特异性免疫的细胞</td></tr>
<tr><td>意义作用</td><td colspan="3">吞噬细胞、自然杀伤细胞、嗜酸性粒细胞、嗜碱性粒细胞等细胞在体内参与的非特异性免疫，发挥着趋化、识别、吞入、消化、杀灭等作用。</td></tr>
<tr><td>任务描述</td><td colspan="3">能够说出各种参与非特异性免疫的细胞名称；了解参与非特异性免疫的细胞的功能。</td></tr>
<tr><td>完成条件</td><td colspan="3">智能手机，多媒体教学设备。</td></tr>
<tr><td rowspan="2">任务资讯</td><td colspan="2">资讯问题</td><td>参考资料</td></tr>
<tr><td colspan="2">1. 非特异性免疫细胞的种类。
2. 非特异性免疫细胞的功能。</td><td>1. 杨汉春. 动物免疫学. 3 版. 北京：中国农业大学出版社，2020.
2. 崔治中. 兽医免疫学. 2 版. 北京：中国农业出版社，2015.
3. 王世若，王兴龙，韩文瑜. 现代动物免疫学. 2 版. 吉林：吉林科学技术出版社，2001.</td></tr>
<tr><td rowspan="3">考核标准</td><td>知识考核</td><td>能力考核</td><td>素质考核</td></tr>
<tr><td>1. 查阅相关资料，完成资讯问题。
2. 准确回答任务测试题。
3. 任务总结表书写规范。</td><td>1. 能准确说参与非特异性免疫的细胞名称。
2. 能准确说出参与非特异性免疫细胞的功能。</td><td>1. 遵守学习纪律，服从教师指导。
2. 团结同学，互帮互助。
3. 思路清晰，描述准确。
4. 珍爱动物生命。</td></tr>
<tr><td colspan="3">注：在实际考核过程中，教师可根据考核标准确定优秀、良好、及格和不及格。优秀 90～100 分；良好 80～89 分；及格 60～79 分；不及格 60 分以下。</td></tr>
</table>

【任务实施】

任务实施　　任务视频　　任务习题

【任务总结】

任务总结表

类　别	内　容	要　点
任务实施	参与非特异性免疫的细胞	吞噬细胞、自然杀伤细胞、嗜酸性粒细胞、嗜碱性粒细胞。
	参与非特异性免疫细胞的功能	1. 参与非特异性免疫细胞的形态是什么？并举例。 2. 参与非特异性免疫细胞的功能是什么？并举例。

【任务测试】

1. 课后提交任务总结表。

2. 根据测试结果，指导教师对每位同学做出评价。

【任务小结】

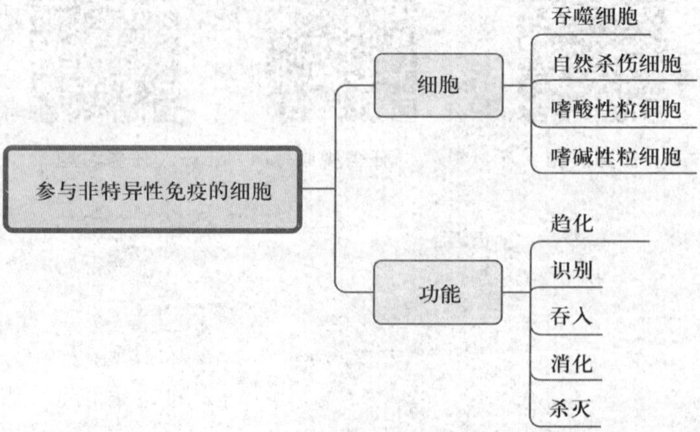

任务三　正常组织和体液中的抗菌物质

【学习目标】

通过本课程的学习，请同学们了解正常组织和体液中的抗菌物质，能够说出正常组织和体液中抗菌物质的作用。

【任务分析】

任务单

任务名称	正常组织和体液中的抗菌物质		
意义作用	正常组织和体液中的抗菌物质是指体内的补体、乙型溶素和溶菌酶。这些物质在体内起着抗感染和杀灭细菌的作用和功能。		
任务描述	能够说出正常组织和体液中的抗菌物质的名称和功能。		
完成条件	智能手机，多媒体教学设备。		
任务资讯	资讯问题	参考资料	
	1.补体是什么？ 2.乙型溶素是什么？ 3.溶菌酶是什么？	1.杨汉春.动物免疫学.3版.北京：中国农业大学出版社，2020. 2.崔治中.兽医免疫学.2版.北京：中国农业出版社，2015. 3.王世若，王兴龙，韩文瑜.现代动物免疫学.2版.吉林：吉林科学技术出版社，2001.	
考核标准	知识考核	能力考核	素质考核
	1.查阅相关资料，完成资讯问题。 2.准确回答任务测试题。 3.任务总结表书写规范。	1.能准确说出正常组织和体液中的抗菌物质的名称。 2.能准确说出正常组织和体液中的抗菌物质的功能。	1.遵守学习纪律，服从教师指导。 2.团结同学，互帮互助。 3.思路清晰，描述准确。 4.珍爱动物生命。
	注：在实际考核过程中，教师可根据考核标准确定优秀、良好、及格和不及格。优秀90～100分；良好80～89分；及格60～79分；不及格60分以下。		

【任务实施】

任务实施　　任务习题

【任务总结】

任务总结表

类 别	内 容	要 点
任务实施	补体	1. 补体是什么？ 2. 补体的功能。
	乙型溶素	乙型溶素是什么？功能是什么样的。
	溶菌酶	溶菌酶是什么？功能是什么？

【任务测试】

1. 课后提交任务总结表。

2. 根据测试结果，指导教师对每位同学做出评价。

【任务小结】

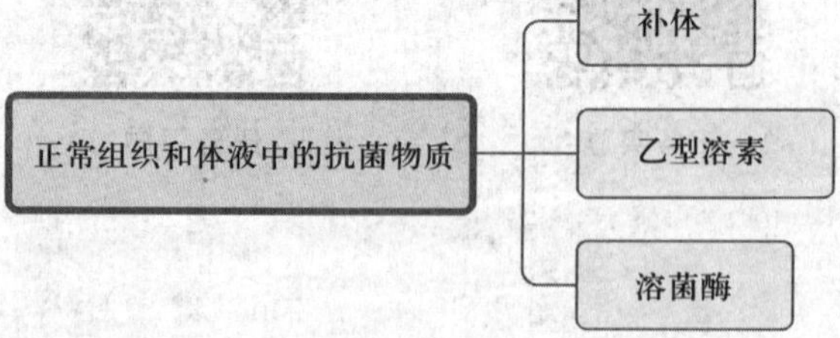

任务四　炎症反应

【学习目标】

通过本课程的学习，请同学们了解免疫的类型，能够说出特异性免疫和非特异性免疫的关系，免疫与传染的关系，能够阐述适度症与过度炎症对机体的不同影响。

【任务分析】

任务单

<table>
<tr><td>任务名称</td><td colspan="6">炎症反应</td></tr>
<tr><td>意义作用</td><td colspan="6">炎症是一种病理过程，是防御和消灭异物的一种积极方式。炎症是动物机体对病原体非特异性免疫应答的一种。机体通过炎症过程能够减缓或阻止病原体经组织间隙向机体的其他部位扩散，还能带来各种吞噬细胞，为这些吞噬细胞的功能发挥提供良好的活动条件，同时又聚集有大量的体液防御因素。</td></tr>
<tr><td>任务描述</td><td colspan="6">能够说出炎症的概念；了解炎症的作用；掌握炎症发生时机体的反应过程等。</td></tr>
<tr><td>完成条件</td><td colspan="6">智能手机，多媒体教学设备。</td></tr>
<tr><td rowspan="2">任务资讯</td><td colspan="3">资讯问题</td><td colspan="3">参考资料</td></tr>
<tr><td colspan="3">1. 炎症的概念？
2. 炎症的作用？</td><td colspan="3">1. 杨汉春. 动物免疫学. 3 版. 北京：中国农业大学出版社，2020.
2. 崔治中. 兽医免疫学. 2 版. 北京：中国农业出版社，2015.
3. 王世若，王兴龙，韩文瑜. 现代动物免疫学. 2 版. 吉林：吉林科学技术出版社，2001.</td></tr>
<tr><td rowspan="3">考核标准</td><td colspan="2">知识考核</td><td colspan="2">能力考核</td><td colspan="2">素质考核</td></tr>
<tr><td colspan="2">1. 查阅相关资料，完成资讯问题。
2. 准确回答任务测试题。
3. 任务总结表书写规范。</td><td colspan="2">1. 能准确说出炎症的概念。
2. 能准确说出炎症的功能。
3. 能准确说出炎症发生时机体的反应过程。</td><td colspan="2">1. 遵守学习纪律，服从教师指导。
2. 团结同学，互帮互助。
3. 思路清晰，描述准确。
4. 珍爱动物生命。</td></tr>
<tr><td colspan="6">注：在实际考核过程中，教师可根据考核标准确定优秀、良好、及格和不及格。优秀 90～100 分；良好 80～89 分；及格 60～79 分；不及格 60 分以下。</td></tr>
</table>

【任务实施】

任务实施　　任务视频

【任务总结】

任务总结表

类 别	内 容	要 点
任务实施	炎症	炎症的概念是什么？
	炎症的功能	炎症的功能。

【任务测试】

1. 课后提交任务总结表。
2. 根据测试结果，指导教师对每位同学做出评价。

【任务小结】

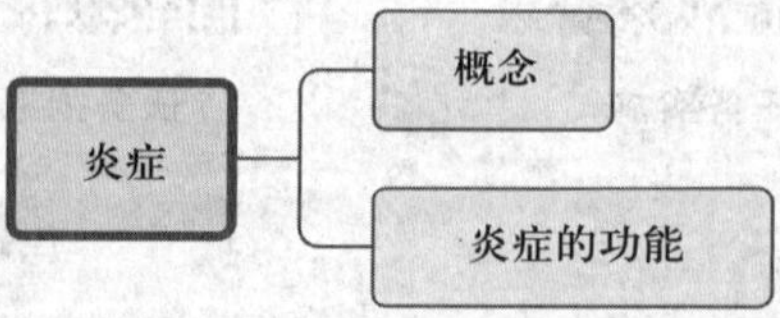

项目十

特异性免疫

任务一　免疫器官和免疫细胞

【学习目标】

通过本课程的学习，使同学们了解免疫器官和免疫细胞的概念，能够说出免疫器官和免疫细胞的分类方式，可以用语言表述免疫器官和免疫细胞的最基本内容，能够绘制浆细胞简图。

【任务分析】

任务单

任务名称	免疫器官和免疫细胞		
意义作用	免疫器官是机体执行免疫应答的器官，而免疫细胞是这些免疫器官的功能性细胞。免疫系统是机体的重要屏障，是机体抵御病原微生物感染的重要武器。		
任务描述	能够说出免疫器官和免疫细胞的概念；了解免疫器官和免疫细胞的分类；掌握免疫器官和免疫细胞的功能；能够说出各种免疫细胞的特点；简单阐述免疫细胞的分化过程。		
完成条件	智能手机，多媒体教学设备。		
任务资讯	资讯问题	参考资料	
	1.什么是免疫器官、免疫细胞？ 2.免疫器官和免疫细胞的分类。 3.免疫细胞的分化过程。	1.裴春生，张进隆．动物微生物免疫与应用．北京：中国农业大学出版社，2015． 2.杨汉春．动物免疫学 3版．北京：中国农业大学出版社，2020．	
考核标准	知识考核	能力考核	素质考核
	1.查阅相关资料，完成资讯问题。 2.准确回答任务测试题。 3.任务总结表书写规范。	1.能准确说出免疫器官和免疫细胞的概念。 2.能准确说出免疫细胞的分类。 3.能简要讲述免疫细胞的分化过程。	1.遵守学习纪律，服从教师指导。 2.团结同学，互帮互助。 3.思路清晰，描述准确。 4.珍爱动物生命。
	注：在实际考核过程中，教师可根据考核标准确定优秀、良好、及格和不及格。优秀 90～100 分；良好 80～89 分；及格 60～79 分；不及格 60 分以下。		

【任务实施】

任务实施　　任务视频　　任务习题

【任务总结】

任务总结表

类　别	内　容	要　点
任务实施	免疫器官和免疫细胞概念	什么是免疫器官、免疫细胞？
	免疫器官和免疫细胞的分类	1.免疫器官的分类。 2.免疫细胞的分类。
	免疫器官和免疫细胞的功能	1.各种免疫器官的功能。 2.各种免疫细胞的功能。 3.免疫细胞的分化过程。

【任务测试】

1.课后提交任务总结表。

2.根据测试结果，指导教师对每位同学做出评价。

【任务小结】

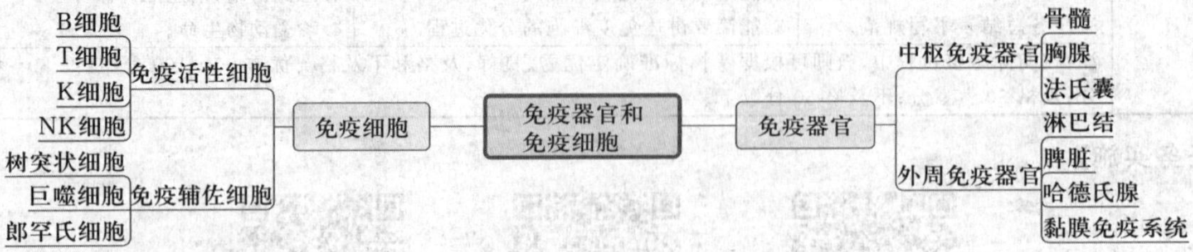

任务二　抗原

【学习目标】

通过本课程的学习，使学生掌握抗原的概念，能够说出抗原的分类，可用语言大致描述抗原的结构。建立抗原的“异物”理念，可以根据老师的描述判断不同物质分属哪种抗原。

【任务分析】

任务单

任务名称	抗原		
意义作用	抗体是刺激机体产生免疫应答的物质。		
任务描述	能够说出抗原的概念；了解抗原的分类；掌握抗原的基本结构；能够说出各种抗原的功能。		
完成条件	智能手机，多媒体教学设备。		
任务资讯	资讯问题	参考资料	
	1.抗体原是什么？ 2.抗原可以分为哪些类？ 3.抗原的结构。 4.各种抗原的功能。	1.裴春生，张进隆.动物微生物免疫与应用.北京：中国农业大学出版社，2015. 2.杨汉春.动物免疫学.3版.北京：中国农业大学出版社，2020.	
考核标准	知识考核	能力考核	素质考核
	1.查阅相关资料，完成资讯问题。 2.准确回答任务测试题。 3.任务总结表书写规范。	1.能准确说出抗原的概念。 2.能准确说出抗原的分类。 3.能准确讲述抗原的结构特点。 4.能大致描述各种抗原的功能。	1.遵守学习纪律，服从教师指导。 2.团结同学，互帮互助。 3.思路清晰，描述准确。 4.珍爱动物生命。
	注：在实际考核过程中，教师可根据考核标准确定优秀、良好、及格和不及格。优秀90～100分；良好80～89分；及格60～79分；不及格60分以下。		

【任务实施】

任务实施　　任务视频　　任务习题

【任务总结】

任务总结表

类　别	内　容	要　点
任务实施	抗体的概念	什么是抗原？
	抗体的分类	1.抗原可以分为哪些类型？ 2.按照结构组成将抗原分为哪些种类？并举例。
	各种抗体的功能	1.完全抗原的作用。 2.抗原的结构特点。 3.各种抗原的功能。

【任务测试】

1.课后提交任务总结表。

2.根据测试结果，指导教师对每位同学做出评价。

【任务小结】

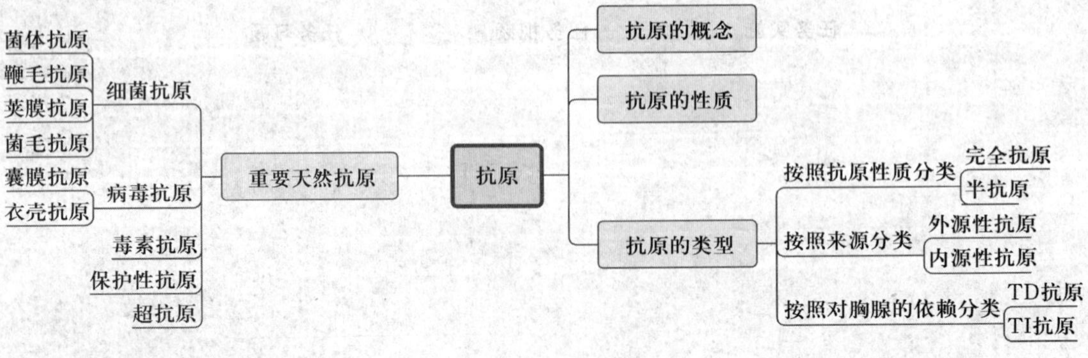

任务三　抗体与其他免疫活性物质

【学习目标】

通过本课程的学习，使学生掌握抗体的概念，能够说出抗体的分类，可用语言大致描述免疫球蛋白的结构，了解各种抗体的功能，能够根据老师描述的感染情况说出产生的抗体种类。

【任务分析】

任务单

<table>
<tr><td>任务名称</td><td colspan="3">抗体与其他免疫活性物质</td></tr>
<tr><td>意义作用</td><td colspan="3">抗体是完成体液免疫的最重要物质。</td></tr>
<tr><td>任务描述</td><td colspan="3">能够说出抗体的概念；了解抗体的分类；掌握抗体的基本结构；能够说出各种抗体的功能。</td></tr>
<tr><td>完成条件</td><td colspan="3">智能手机，多媒体教学设备。</td></tr>
<tr><td rowspan="2">任务资讯</td><td colspan="2">资讯问题</td><td>参考资料</td></tr>
<tr><td colspan="2">1. 抗体是什么？
2. 抗体可以分为哪些类？
3. 抗体的结构。
4. 各种抗体的功能。</td><td>1. 裴春生，张进隆. 动物微生物免疫与应用. 北京：中国农业大学出版社，2015.
2. 杨汉春. 动物免疫学. 3 版. 北京：中国农业大学出版社，2020.</td></tr>
<tr><td rowspan="3">考核标准</td><td>知识考核</td><td>能力考核</td><td>素质考核</td></tr>
<tr><td>1. 查阅相关资料，完成资讯问题。
2. 准确回答任务测试题。
3. 任务总结表书写规范。</td><td>1. 能准确说出抗体的概念。
2. 能准确说出抗体的分类。
3. 能准确讲述抗体的结构特点。
4. 能大致描述各种抗体的功能。</td><td>1. 遵守学习纪律，服从教师指导。
2. 团结同学，互帮互助。
3. 思路清晰，描述准确。
4. 珍爱动物生命。</td></tr>
<tr><td colspan="3">注：在实际考核过程中，教师可根据考核标准确定优秀、良好、及格和不及格。优秀 90～100 分；良好 80～89 分；及格 60～79 分；不及格 60 分以下。</td></tr>
</table>

【任务实施】

任务实施　　任务视频　　任务习题

【任务总结】

任务总结表

类别	内容	要点
任务实施	抗体的概念	什么是抗体？
	抗体的分类	1. 抗体可以分为哪些？并举例。 2. 按照结构组成进行分类可以分为哪些种类？并举例。
	各种抗体的功能	1. 分泌型 IgA 的作用。 2. 抗体的结构特点。 3. 各种抗体的功能。

【任务测试】

1. 课后提交任务总结表。

2. 根据测试结果，指导教师对每位同学做出评价。

【任务小结】

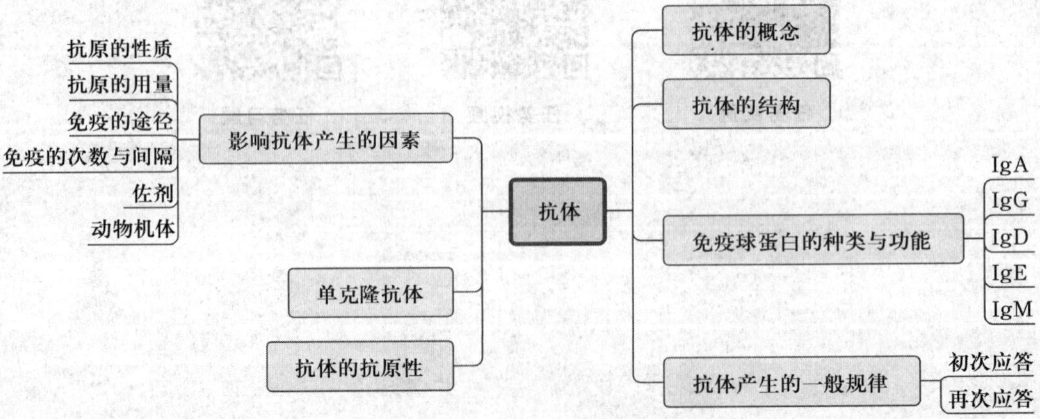

任务四　免疫应答

【学习目标】

通过本课程的学习，使学生掌握免疫应答的概念，能够说出免疫应答的基本过程，了解各种免疫应答的机理，能够描述免疫应答的基本流程。

【任务分析】

任务单

<table>
<tr><td>任务名称</td><td colspan="3">免疫应答</td></tr>
<tr><td>意义作用</td><td colspan="3">免疫应答是机体清除异物的重要过程。</td></tr>
<tr><td>任务描述</td><td colspan="3">能够说出免疫应答的概念；了解免疫应答过程；掌握各种免疫应答的发生机理。</td></tr>
<tr><td>完成条件</td><td colspan="3">智能手机，多媒体教学设备。</td></tr>
<tr><td rowspan="2">任务资讯</td><td>资讯问题</td><td colspan="2">参考资料</td></tr>
<tr><td>1. 什么是免疫应答？
2. 免疫应答的过程。
3. 免疫应答的分类。
4. 免疫应答的获得途径。</td><td colspan="2">1. 裴春生，张进隆. 动物微生物免疫与应用. 北京：中国农业大学出版社，2015.
2. 杨汉春. 动物免疫学. 3 版. 北京：中国农业大学出版社，2020.</td></tr>
<tr><td rowspan="3">考核标准</td><td>知识考核</td><td>能力考核</td><td>素质考核</td></tr>
<tr><td>1 查阅相关资料，完成资讯问题。
2. 准确回答任务测试题。
3. 任务总结表书写规范。</td><td>1. 能准确说出免疫应答的概念。
2. 能准确说出免疫应答的发生过程。
3. 能准确说出各种免疫应答的获得途径。</td><td>1. 遵守学习纪律，服从教师指导。
2. 团结同学，互帮互助。
3. 思路清晰，描述准确。
4. 珍爱动物生命。</td></tr>
<tr><td colspan="3">注：在实际考核过程中，教师可根据考核标准确定优秀、良好、及格和不及格。优秀 90～100 分；良好 80～89 分；及格 60～79 分；不及格 60 分以下。</td></tr>
</table>

【任务实施】

任务实施　　任务视频　　任务习题

【任务总结】

任务总结表

类 别	内 容	要 点
任务实施	抗体的概念	什么是免疫应答？
	免疫应答发生的过程	1. 免疫应答的发生过程。 2. 各种免疫应答的获得途径。
	免疫发生	1. 细胞免疫。 2. 体液免疫。 3. 先天性免疫。

【任务测试】

1. 课后提交任务总结表。
2. 根据测试结果，指导教师对每位同学做出评价。

【任务小结】

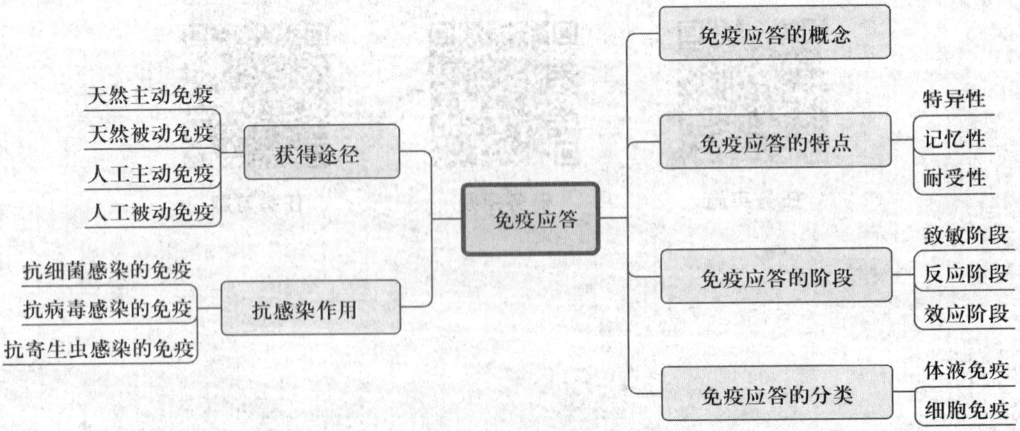

项目十一

变态反应

任务一　概述

【学习目标】

通过本课程的学习，使学生掌握变态反应的概念，能够说出变态反应的基本过程，了解各种变态反应的一般过程。

【任务分析】

任务单

<table>
<tr><td>任务名称</td><td colspan="3">变态反应概述</td></tr>
<tr><td>意义作用</td><td colspan="3">变态反应是机体对某种抗原的再次刺激所产生的一种异常强烈的、对机体有害的免疫病理反应，也称超敏反应。变态反应常伴随不同程度的组织损伤和机能紊乱，表现出各种特征性的免疫病理损伤过程。</td></tr>
<tr><td>任务描述</td><td colspan="3">能够说出变态反应的概念；了解变态反应的一般过程；掌握各种变态反应的发生过程和参与抗体；掌握各种变态反应的代表性疾病。</td></tr>
<tr><td>完成条件</td><td colspan="3">智能手机，多媒体教学设备。</td></tr>
<tr><td rowspan="2">任务资讯</td><td>资讯问题</td><td colspan="2">参考资料</td></tr>
<tr><td>1. 什么是变态反应？
2. 变态反应的一般过程。
3. 变态反应的分类。
4. 各种变态反应的代表疾病。</td><td colspan="2">1. 杨汉春. 动物免疫学. 3 版. 北京：中国农业大学出版社，2020.
2. 崔治中. 兽医免疫学. 2 版. 北京：中国农业出版社，2015.</td></tr>
<tr><td rowspan="3">考核标准</td><td>知识考核</td><td>能力考核</td><td>素质考核</td></tr>
<tr><td>1. 查阅相关资料，完成资讯问题。
2. 准确回答任务测试题。
3. 任务总结表书写规范。</td><td>1. 能准确说出变态反应的概念。
2. 能准确说出变态反应的发生一般过程。
3. 能准确说出各种变态反应的分类。</td><td>1. 遵守学习纪律，服从教师指导。
2. 团结同学，互帮互助。
3. 思路清晰，描述准确。
4. 珍爱动物生命。</td></tr>
<tr><td colspan="3">注：在实际考核过程中，教师可根据考核标准确定优秀、良好、及格和不及格。优秀 90～100 分；良好 80～89 分；及格 60～79 分；不及格 60 分以下。</td></tr>
</table>

【任务实施】

任务实施　　任务视频　　任务习题

【任务总结】

任务总结表

类别	内容	要点
任务实施	变态反应概念	什么是变态反应?
	变态反应发生的过程	变态反应的发生过程。
	变态反应分类	1.过敏反应。 2.Ⅱ型变态反应。 3.各种变态反应的代表性疾病。

【任务测试】

1.课后提交任务总结表。

2.根据测试结果,指导教师对每位同学做出评价。

【任务小结】

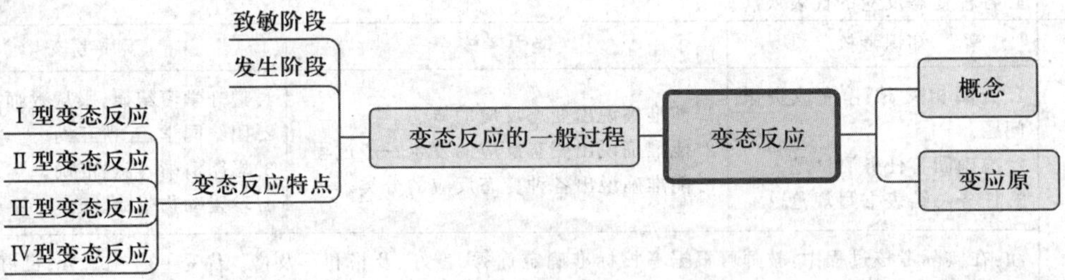

任务二　变态反应的类型

【学习目标】

通过本课程的学习，使学生掌握各种变态反应的概念，能够准确说出各种变态反应的基本过程和常发疾病。

【任务分析】

任务单

<table>
<tr><td>任务名称</td><td colspan="4">变态反应的类型</td></tr>
<tr><td>意义作用</td><td colspan="4">各种变态反应有其自身发生机理。</td></tr>
<tr><td>任务描述</td><td colspan="4">能够准确说出各种变态反应的概念；掌握各种变态反应的发生过程和参与抗体；掌握各种变态反应的代表性疾病。</td></tr>
<tr><td>完成条件</td><td colspan="4">智能手机，多媒体教学设备。</td></tr>
<tr><td rowspan="2">任务资讯</td><td colspan="2">资讯问题</td><td colspan="2">参考资料</td></tr>
<tr><td colspan="2">1. 变态反应的分类。
2. 各种变态反应的代表性疾病。</td><td colspan="2">1. 杨汉春. 动物免疫学. 3 版. 北京：中国农业大学出版社，2020.
2. 崔治中. 兽医免疫学. 2 版. 北京：中国农业出版社，2015.</td></tr>
<tr><td rowspan="3">考核标准</td><td>知识考核</td><td colspan="2">能力考核</td><td>素质考核</td></tr>
<tr><td>1. 查阅相关资料，完成资讯问题。
2. 准确回答任务测试题。
3. 任务总结表书写规范。</td><td colspan="2">1. 能准确说出变态反应的分类。
2. 能准确说出各种变态反应的代表性疾病。</td><td>1. 遵守学习纪律，服从教师指导。
2. 团结同学，互帮互助。
3. 思路清晰，描述准确。
4. 珍爱动物生命。</td></tr>
<tr><td colspan="4">注：在实际考核过程中，教师可根据考核标准确定优秀、良好、及格和不及格。优秀 90～100 分；良好 80～89 分；及格 60～79 分；不及格 60 分以下。</td></tr>
</table>

【任务实施】

任务实施　　任务视频　　任务习题

【任务总结】

任务总结表

类 别	内 容	要 点
任务实施	Ⅰ型变态反应	列举参与Ⅰ型变态反应的成分及实际生活中可能遇到的例子。
	Ⅱ型变态反应	列举参与Ⅱ型变态反应的成分及实际生活中可能遇到的例子。
	Ⅲ型变态反应	列举参与Ⅲ型变态反应的成分及实际生活中可能遇到的例子。
	Ⅳ型变态反应	列举参与Ⅳ型变态反应的成分及实际生活中可能遇到的例子。

【任务测试】

1. 课后提交任务总结表。
2. 根据测试结果，指导教师对每位同学做出评价。

【任务小结】

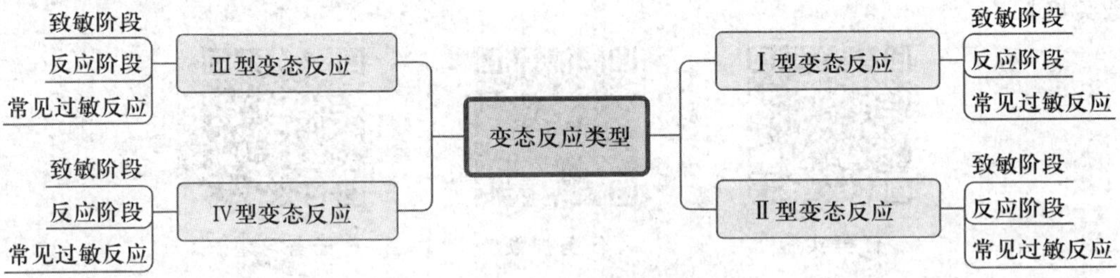

任务三　变态反应的防治

【学习目标】

通过本课程的学习，使学生掌握变态反应的防治原则，能够说出防治变态反应发生的方法。

【任务分析】

任务单

<table>
<tr><td>任务名称</td><td colspan="3">变态反应的防治</td></tr>
<tr><td>意义作用</td><td colspan="3">变态反应的防治在兽医临床上极为重要。</td></tr>
<tr><td>任务描述</td><td colspan="3">防治变态反应的一般原则要从变应原及机体的免疫反应两方面考虑：一是要尽可能找出变应原，避免动物与之再次接触；二是要针对变态反应发生的过程，阻断或干扰其中的某些环节，防止变态反应的发生或发展。</td></tr>
<tr><td>完成条件</td><td colspan="3">智能手机，多媒体教学设备。</td></tr>
<tr><td rowspan="2">任务资讯</td><td>资讯问题</td><td colspan="2">参考资料</td></tr>
<tr><td>1. 变态反应的防治原则。
2. 防治变态反应发生的方法有哪些？</td><td colspan="2">1. 邢钊，乐涛. 动物微生物及免疫技术. 郑州：河南科学技术出版社，2006.
2. 杨汉春. 动物免疫学. 3 版. 北京：中国农业大学出版社，2020.
3. 崔治中. 兽医免疫学. 2 版. 北京：中国农业出版社，2015.</td></tr>
<tr><td rowspan="3">考核标准</td><td>知识考核</td><td>能力考核</td><td>素质考核</td></tr>
<tr><td>1. 查阅相关资料，完成资讯问题。
2. 准确回答任务测试题。
3. 任务总结表书写规范。</td><td>1. 能准确说出变态反应的防治原则。
2. 能准确说出变态反应的防治方法。</td><td>1. 遵守学习纪律，服从教师指导。
2. 团结同学，互帮互助。
3. 思路清晰，描述准确。
4. 珍爱动物生命。</td></tr>
<tr><td colspan="3">注：在实际考核过程中，教师可根据考核标准确定优秀、良好、及格和不及格。优秀 90～100 分；良好 80～89 分；及格 60～79 分；不及格 60 分以下。</td></tr>
</table>

【任务实施】

任务实施　　任务视频　　任务习题

【任务总结】

任务总结表

类别	内容	要点
任务实施	防治原则	变态反应的防治原则。
	变态反应防治方法	变态反应的防治方法。

【任务测试】

1.课后提交任务总结表。

2.根据测试结果,指导教师对每位同学做出评价。

【任务小结】

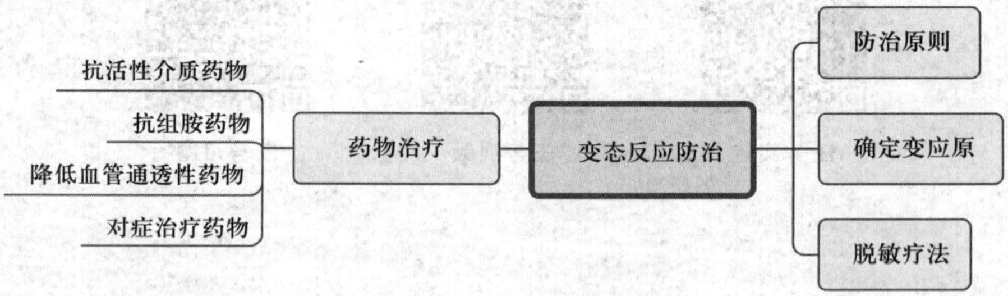

项目十二

血清学试验

任务一　血清学试验概述

【学习目标】

通过本课程的学习，使学生掌握血清学试验的概念，能够说出血清学试验的基本过程，了解血清学试验的特点，可以利用所学分析不同的血清学试验影响因素对结果的影响。

【任务分析】

任务单

<table>
<tr><td>任务名称</td><td colspan="3">血清学试验概述</td></tr>
<tr><td>意义作用</td><td colspan="3">血清学试验是进行兽医临床微生物学检验、传染病诊断、免疫水平检测等检测的常用手段。</td></tr>
<tr><td>任务描述</td><td colspan="3">抗原抗体反应是指抗原与相应的抗体之间发生的特异性结合反应，在体内、体外都可进行，在体内发生的抗原抗体反应是体液免疫应答的效应作用，在体外的抗原抗体结合反应主要用于检测抗原或抗体，用于免疫学诊断。</td></tr>
<tr><td>完成条件</td><td colspan="3">智能手机，多媒体教学设备。</td></tr>
<tr><td rowspan="2">任务资讯</td><td>资讯问题</td><td colspan="2">参考资料</td></tr>
<tr><td>1. 血清学试验的概念。
2. 血清学试验的种类。
3. 血清学试验的特点。
4. 哪些因素会影响血清学试验结果？</td><td colspan="2">1. 陆承平. 兽医微生物学. 5 版. 北京：中国农业出版社，2013.
2. 杨汉春. 动物免疫学. 3 版. 北京：中国农业大学出版社，2020.
3. 崔治中. 兽医免疫学. 2 版. 北京：中国农业出版社，2015.</td></tr>
<tr><td rowspan="3">考核标准</td><td>知识考核</td><td>能力考核</td><td>素质考核</td></tr>
<tr><td>1. 查阅相关资料，完成资讯问题。
2. 准确回答任务测试题。
3. 任务总结表书写规范。</td><td>1. 能准确说出血清学试验的特点。
2. 能准确说出影响血清学试验结果的因素。</td><td>1. 遵守学习纪律，服从教师指导。
2. 团结同学，互帮互助。
3. 思路清晰，描述准确。
4. 珍爱动物生命。</td></tr>
<tr><td colspan="3">注：在实际考核过程中，教师可根据考核标准确定优秀、良好、及格和不及格。优秀 90～100 分；良好 80～89 分；及格 60～79 分；不及格 60 分以下。</td></tr>
</table>

【任务实施】

任务实施　　任务视频　　任务习题

【任务总结】

任务总结表

类 别	内 容	要 点
任务实施	血清学试验概念	血清学试验的原理是什么？
	血清学试验的种类	列举出10种常用的血清学试验。
	血清学特点	你认为血清学实验最重要的特点是什么？并说出理由。
	影响血清学试验的因素	如何保证血清学试验结果的准确性？

【任务测试】

1. 课后提交任务总结表。
2. 根据测试结果，指导教师对每位同学做出评价。

【任务小结】

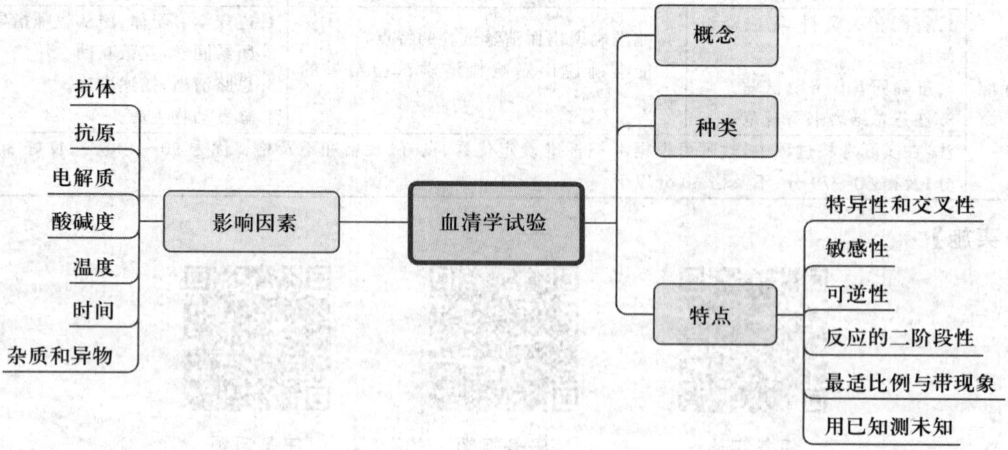

任务二　常见的几种血清学试验

【学习目标】

通过本课程的学习，使学生掌握几种常见的血清学试验的概念、原理、分类及应用，在实际工作中能够按照试验目的选择合适的方法进行试验操作。

【任务分析】

任务单

<table>
<tr><td>任务名称</td><td colspan="3">常见的几种血清学试验</td></tr>
<tr><td>意义作用</td><td colspan="3">血清学试验是兽医临床进行微生物学检验、传染病诊断、免疫水平检测等检测的常用手段。其中凝集试验、沉淀实验、中和试验、补体结合试验、免疫标记技术等已经成为临床确诊某些传染性疾病的主要标准，学习这些方法，可以为临床开展传染病的防控提供依据。</td></tr>
<tr><td>任务描述</td><td colspan="3">掌握几种血清学试验方法的原理、种类及反应过程。</td></tr>
<tr><td>完成条件</td><td colspan="3">智能手机，多媒体教学设备。</td></tr>
<tr><td rowspan="2">任务资讯</td><td>资讯问题</td><td colspan="2">参考资料</td></tr>
<tr><td>1. 凝集试验的原理。
2. 沉淀试验的原理。
3. 补体结合试验的原理。
4. 中和试验的原理。
5. 抗体标记技术的原理。</td><td colspan="2">1. 陆承平. 兽医微生物学. 5 版. 北京：中国农业出版社，2013.
2. 杨汉春. 动物免疫学. 3 版. 北京：中国农业大学出版社，2020.
3. 崔治中. 兽医免疫学. 2 版. 北京：中国农业出版社，2015.</td></tr>
<tr><td rowspan="3">考核标准</td><td>知识考核</td><td>能力考核</td><td>素质考核</td></tr>
<tr><td>1. 查阅相关资料，完成资讯问题。
2. 准确回答任务测试题。
3. 任务总结表书写规范。</td><td>能准确说出常见血清学试验方法的原理。</td><td>1. 遵守学习纪律，服从教师指导。
2. 团结同学，互帮互助。
3. 思路清晰，描述准确。
4. 珍爱动物生命。</td></tr>
<tr><td colspan="3">注：在实际考核过程中，教师可根据考核标准确定优秀、良好、及格和不及格。优秀 90～100 分；良好 80～89 分；及格 60～79 分；不及格 60 分以下。</td></tr>
</table>

【任务实施】

任务实施　　任务视频　　任务习题

【任务总结】

任务总结表

类 别	内 容	要 点
任务实施	凝集试验	简述凝集试验的原理。
	沉淀试验	简述沉淀试验的原理。
	补体结合试验	简述补体结合试验的原理。
	中和试验	简述中和试验的原理。
	抗体标记技术	简述抗体标记技术的原理。

【任务测试】

1. 课后提交任务总结表。

2. 根据测试结果，指导教师对每位同学做出评价。

【任务小结】

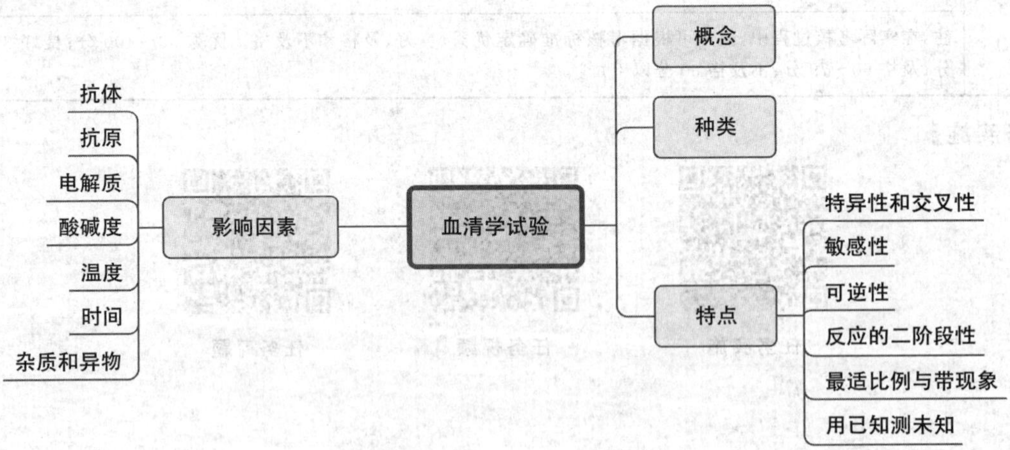

项目十三

动物生物制品

任务一　生物制品及其应用

【学习目标】

通过本课程的学习，请同学们了解生物制品及其应用，能够说出生物制品的概念、名称、制造及其应用，能够根据不同情况选择合适的生物制品。

【任务分析】

任务单

<table>
<tr><td>任务名称</td><td colspan="6">生物制品及其应用</td></tr>
<tr><td>意义作用</td><td colspan="6">生物制品是利用微生物、寄生虫及其组成或代谢产物以及动物或人的血液、组织等材料为原料，通过生物学、生物化学及生物工程学的方法加工制成的，用于传染病或其他相关疾病的预防、诊断和治疗的生物制剂。主要用于动物传染病、寄生虫病及其他相关疾病的预防、诊断和治疗。</td></tr>
<tr><td>任务描述</td><td colspan="6">能够说出生物制品的种类及应用；了解生物制品的制造过程及临床应用。</td></tr>
<tr><td>完成条件</td><td colspan="6">智能手机，多媒体教学设备。</td></tr>
<tr><td rowspan="2">任务资讯</td><td colspan="3">资讯问题</td><td colspan="3">参考资料</td></tr>
<tr><td colspan="3">1.什么是生物制品？
2.生物制品的种类。
3.生物制品的制造方法。
4.生物制品的应用。</td><td colspan="3">1.夏业才，陈光华，丁家波.兽医生物制品学.2版.北京：中国农业出版社，2018.
2 崔治中.兽医免疫学.2版.北京：中国农业出版社，2015.
3.刘志恒.现代微生物学.北京：科学出版社，2002.</td></tr>
<tr><td rowspan="3">考核标准</td><td colspan="2">知识考核</td><td colspan="2">能力考核</td><td colspan="2">素质考核</td></tr>
<tr><td colspan="2">1.查阅相关资料，完成资讯问题。
2.准确回答任务测试题。
3.任务总结表书写规范。</td><td colspan="2">1.能准确说出生物制品的概念。
2.能准确说出几种生物制品的名称。
3.能准确说出生物制品的应用。</td><td colspan="2">1.遵守学习纪律，服从教师指导。
2.团结同学，互帮互助。
3.思路清晰，描述准确。
4.珍爱动物生命。</td></tr>
<tr><td colspan="6">注：在实际考核过程中，教师可根据考核标准确定优秀、良好、及格和不及格。优秀 90～100 分；良好 80～89 分；及格 60～79 分；不及格 60 分以下。</td></tr>
</table>

【任务实施】

任务实施　　任务习题

【任务总结】

任务总结表

类 别	内 容	要 点
任务实施	生物制品的概念	生物制品是什么？
	生物制品的分类	兽医临床常用的生物制品主要包括哪些？
	生物制品的制造	简述自家灭活疫苗的制备。
	生物制品的应用	简述免疫血清的使用注意事项。

【任务测试】

1. 课后提交任务总结表。

2. 根据测试结果，指导教师对每位同学做出评价。

【任务小结】

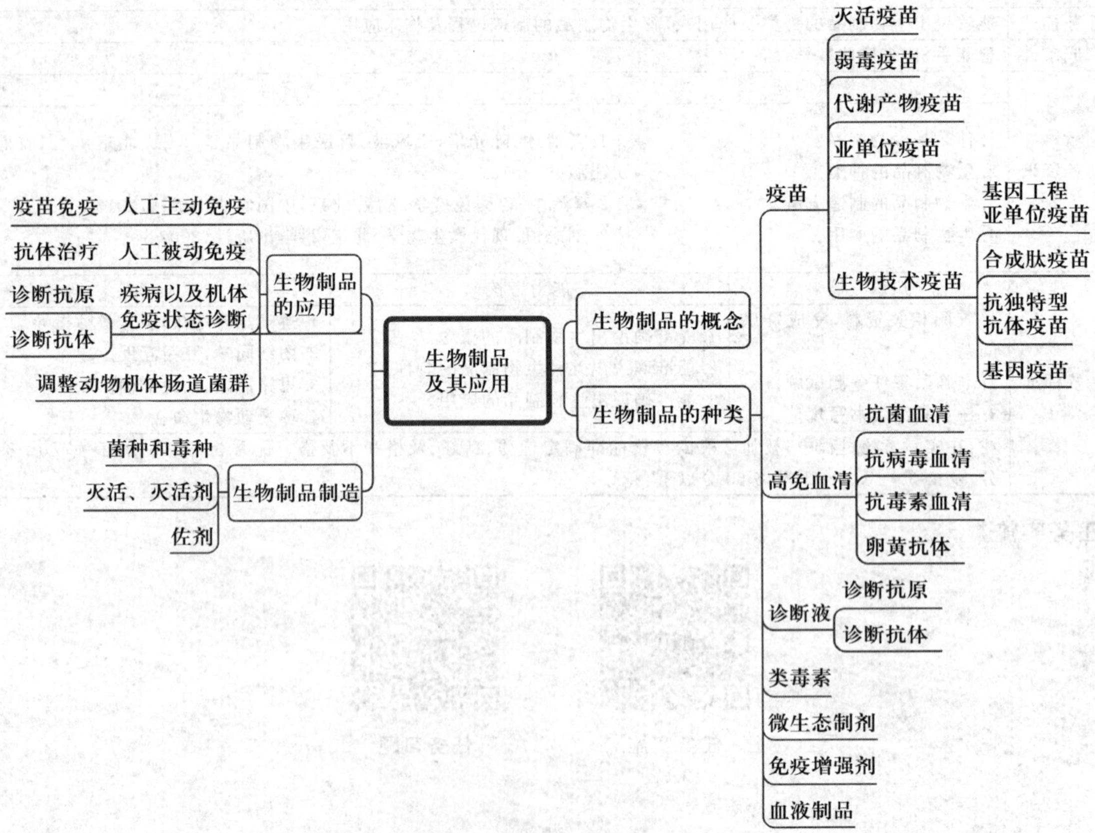

任务二　免疫诊断和免疫防治

【学习目标】

通过本课程的学习，请同学们了解免疫诊断和免疫防治的概念和方法。

【任务分析】

任务单

<table>
<tr><td>任务名称</td><td colspan="3">免疫诊断和免疫防治</td></tr>
<tr><td>意义作用</td><td colspan="3">免疫诊断是应用免疫学的理论、技术和方法诊断各种疾病及检测机体免疫状态的一种诊断方法。其广泛应用于兽医临床诊断动物疾病、监测抗体水平及妊娠诊断等方面。免疫防治过程是利用免疫学的原理和方法建立或提高动物机体对疫病的抵抗力及治疗已经发生的动物疫病，利用人工主动免疫和人工被动免疫进行动物疾病的预防和治疗。</td></tr>
<tr><td>任务描述</td><td colspan="3">能够说出免疫诊断的方法；了解免疫防治措施。</td></tr>
<tr><td>完成条件</td><td colspan="3">智能手机，多媒体教学设备。</td></tr>
<tr><td rowspan="2">任务资讯</td><td colspan="2">资讯问题</td><td>参考资料</td></tr>
<tr><td colspan="2">1.什么是免疫诊断？
2.什么是免疫防治？</td><td>1.夏业才，陈光华，丁家波.兽医生物制品学.2版.北京：中国农业出版社，2018.
2 崔治中.兽医免疫学.2版.北京：中国农业出版社，2015.
3.刘志恒.现代微生物学.北京：科学出版社，2002.</td></tr>
<tr><td rowspan="3">考核标准</td><td>知识考核</td><td>能力考核</td><td>素质考核</td></tr>
<tr><td>1.查阅相关部分资料，完成资讯问题。
2.准确回答任务测试题。
3.任务总结表书写规范。</td><td>1.能准确说出免疫诊断的方法。
2.能准确说出免疫和防治措施。</td><td>1.遵守学习纪律，服从教师指导。
2.团结同学，互帮互助。
3.思路清晰，描述准确。
4.珍爱动物生命。</td></tr>
<tr><td colspan="3">注：在实际考核过程中，教师可根据考核标准确定优秀、良好、及格和不及格。优秀 90～100 分；良好 80～89 分；及格 60～79 分；不及格 60 分以下。</td></tr>
</table>

【任务实施】

任务实施　　任务视频　　任务习题

【任务总结】

任务总结表

类别	内容	要点
任务实施	免疫诊断	免疫诊断的方法。
	免疫防治	免疫治疗的措施。

【任务测试】

1. 课后提交任务总结表。
2. 根据测试结果，指导教师对每位同学做出评价。

【任务小结】

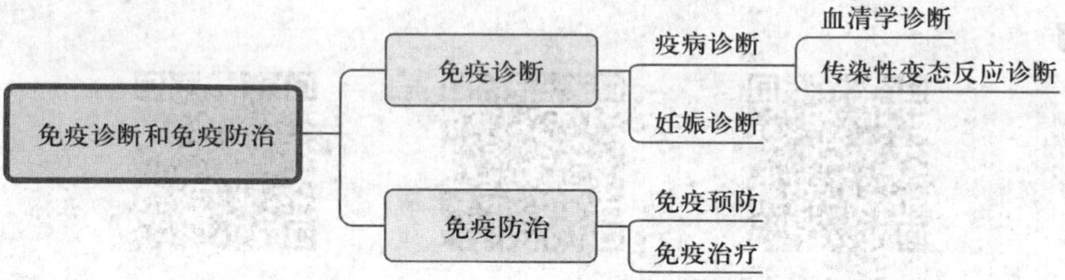

实验指导

实验实训一　显微镜油镜的使用及细菌形态的观察

显微镜油镜的使用及细菌形态的观察

一、目的要求

1. 掌握显微镜油镜的使用及保养方法。

2. 认识细菌的形态、基本构造和特殊构造。

二、设备材料

显微镜　香柏油　二甲苯　擦镜纸　细菌染色标本

三、实验实训内容

(一)显微镜油镜的使用

1. 油镜的识别

油镜是显微镜物镜的一种,因使用时必须浸于香柏油内,故称油镜。油镜与其他物镜的区别如下:

(1)油镜一般是所有物镜中最长的。

(2)油镜镜头上标有其放大倍数,加"100×"或"90×"。

(3)不同厂家生产的显微镜,常在不同镜头上标有不同颜色的线圈以示区别,使用时应先熟悉油镜头上的线圈颜色,以防用错。

2. 基本原理

因光线在香柏油中的折射率($n=1.515$)与在玻璃中的折射率($n=1.52$)相近,故可减少因折射而射入镜头外的光线,提高视野的亮度。

3. 使用方法

(1)对光。将聚光器升至最高,将光圈放大至最大,调节光源,使射入镜头中的光线最强。

(2)装片。在细菌染色标本片的欲检部位滴一滴香柏油后,将标本片安放于载物台上,用压片夹固定,将待检部位移至聚光器上,先用低倍镜寻找适当的视野,再用油镜头观察。

(3)调焦。先用粗调节螺旋将载物台上升或使油镜头下降,使油镜头与标本片几乎接触,然后边观察目镜,边将细调节螺旋向相反方向缓慢旋转,直至出现完全清晰的物像为止。

(4)保养。油镜用毕,先用粗调节螺旋将载物台下移或使油镜头上升,将细菌标本片取下,用擦镜纸吸去香柏油,如油已干或模糊不清,可在擦镜纸上滴1～2滴二甲苯或无水乙醇,后将玻片上的香柏油吸净,并立即用擦镜纸拭去二甲苯;用同样的方法将油镜头擦拭干净,然后将低倍镜转至中央或将物镜转成“八”字形，调节粗调节螺旋，使镜头与载物台接触，下降聚光器。将显微镜用绸布盖好后装入镜箱，置于阴凉干燥处。

（二）细菌形态的观察

1. 细菌基本形态的观察

(1)球菌标本片的观察。

(2)杆菌标本片的观察。

(3)螺旋菌标本片的观察。

2. 细菌特殊构造的观察

(1)细菌荚膜标本片的观察。

(2)细菌鞭毛标本片的观察。

(3)细菌芽孢标本片的观察。

注意事项：

1. 当油镜头与标本片几乎接触时，不可再用粗调螺旋向上移动载物台或下降油镜头，以免损坏玻片甚至压碎镜头。

2. 油镜头和玻片只能用擦镜纸擦拭，不能用手、棉布或其他纸张擦拭。

3. 香柏油的用量以 1～2 滴、淹没油镜头的中间部分为宜，用量太多则浸染镜头，太少则视野变暗不便观察。

4. 为了增强视野的亮度，应做到：光源调至最亮，光圈调至最大，聚光器调至最高。

四、教学组织

实验 1 人一组，每人有一台显微镜，教师认真讲解操作规程，边讲解边示范，学生观察作图，在学生基本清楚的情况下，教师分别进行指导教学。

五、作业

1. 实验报告。

2. 心得体会。

3. 将细菌形态画于实验册上。

实验实训二　微生物检验中常用玻璃器皿的准备

一、目的要求

掌握微生物检验中常用的玻璃器皿。

生物安全实验室

二、设备材料

试管　吸管　平皿　三角烧瓶　烧杯　量筒　脱脂棉　纱布　旧报纸　苯酚　（石炭酸）　洗衣粉　盐酸

三、实验实训内容

玻璃器皿的准备

1. 购置的载片，先用2%盐酸浸泡一天，冲去盐酸，再用洗衣粉水洗涤，用自来水冲净，浸泡在蒸馏水中或擦干装盒备用。

2. 用过的玻璃器皿的处理

(1)洗涤前必须灭菌。高压灭菌：油类的物品趁热洗涤(培养基、血液试管、滴管等)。吸管：浸泡于5%石炭酸48 h。

(2)洗涤。

①使用过的载片，先用纸擦去香柏油，再放入洗衣粉液中煮沸(或5%石炭酸浸泡48 h)，稍冷后取出。逐个用清水洗净，放于酒精中。

②盖片使用前，可用洗衣粉或洗衣液浸泡，洗净后再用95%乙醇浸泡，擦干备用，用过的盖片也应及时洗净擦干保存。

③吸管浸泡于洗衣粉水中，用细铁丝取出棉花，用试管刷洗涤，再用自来水洗净，用蒸馏水冲洗。

(3)干燥。自然干燥或干燥箱。

(4)包装。棉塞的制备，试管的包装，平皿的包装，锥形瓶的包装。

四、教学组织

实验2～3人一组，教师认真讲解操作规程，边讲解边示范，学生理解、操作，在学生基本清楚的情况下，教师分别进行指导教学。

五、作业

1. 实验报告。
2. 心得体会。
3. 将包装好的物品拍照贴于实验报告处。

实验实训三　细菌标本片的制备及染色方法

细菌标本片的制备及染色方法

一、目的要求

掌握细菌标本片的制备及染色方法。

二、设备材料

病料　细菌培养物　接种环　玻片　酒精灯　染色缸　染色架　染色液

三、实验实训内容

(一)细菌涂片的制备

1. 液体培养物及液体病料

(1)涂片。用接种环取一滴培养液或液体病料,于玻片的中央均匀地涂全适当大小的薄层。

(2)干燥。一般采用自然干燥,天气较冷时也可于酒精灯火焰上方 30～40 cm 处适当加热干燥。

(3)固定。分为火焰固定和化学固定两种。火焰固定时,将干燥好的玻片涂面朝上,将其背面在酒精灯火焰上来回通过数次,略作加热,以不烫手背为度;化学固定时,可将干燥好的玻片浸入甲醇中 2～3 min 后取出晾干,或在涂片上滴加数滴甲醇使其作用 2～3 min 后自然挥发干燥。此外,丙酮和酒精也可用作化学固定剂;作瑞氏染色的涂片不需固定,因染色液中含有甲醇,有固定作用。

(4)染色。根据不同的材料和菌种选择不同的染色方法。

2. 固体培养物

用接种环取一滴生理盐水滴于玻片的中央,用接种环挑取一个菌落与生理盐水混合,均匀地涂至适当大小的薄层,干燥,固定,染色。

(二)细菌触片的制备

将固体病料(病变组织)作无菌切开,用切面在玻片中央接触一下或稍用力压成一薄层,干燥,固定,染色。

(三)细菌的染色法

1. 单染色法

单染色法又称简单染色法,即只应用一种染料进行染色的方法。

(1)美蓝染色法。在已干燥、固定好的涂片或触片上滴加适量的美蓝染色液,1～2 min 后,水洗,干燥(吸水纸吸干或自然干燥),镜检。

(2)瑞氏染色法。在已干燥、固定好的涂片或触片上滴加瑞氏染色液,为避免干燥,可适当多加一些,或视情况补充滴加,1～3 min 后再加与染色液等量的中性蒸馏水或缓冲液,轻轻晃动玻片,使之与染色液混合均匀,3～5 min 后,直接用水冲洗,吸干或烘干后镜检。也可在玻片上的涂抹处盖一适当大小的滤纸,然后再在滤纸上轻轻滴加瑞氏染色液,浸过滤纸,视情况补充滴加,维持不干,3～5 min 后直接用水冲洗,吸干或烘干后镜检。

(3)吉姆萨氏染色法。先将吉姆萨染色液原液稀释成常用的吉姆萨染色液(取 5～10 滴原液于 5 mL 新煮过的中性蒸馏水中,混合均匀),在经甲醇固定好的涂片上滴加足量的染色液,或将涂片浸入盛有染色液的染色缸中,染色 30 min 或浸染数小时至 24 h 后取出,水洗,吸干或烘干后镜检。

2. 复染色法

应用两种或两种以上的染料或再加媒染剂进行染色的方法。

(1)革兰氏染色法。在已干燥、固定好的涂片上滴加适量的草酸铵结晶紫染色液,染色 1～2 min 后,水洗,再加革兰氏碘液,1～2 min 后,水洗,加 95%酒精脱色 0.5～1 min 后,水洗,稀释石炭酸复红(或沙黄、番红)染色液复染 0.5 min 后,水洗,干燥,镜检。

(2)抗酸染色法。常用的有齐－尼氏染色法和沙黄－美蓝染色法。

①齐－尼氏染色法。在已干燥、固定好的涂片上滴加较多的石炭酸复红染色液,酒精灯火焰上方微微加热至冒出蒸汽并维持 3～5 min,水洗;再用 3%盐酸酒精脱色至无染色液流出,充分水洗;然后用碱性美蓝染液复染约 1 min,水洗,吸干,镜检。

② 沙黄－美蓝染色法。在已干燥、固定好的涂片上滴加较多的沙黄染色液,酒精灯火焰

上方微微加热至冒蒸汽 3～5 次，维持 1～2 min，水洗；再用 3%盐酸酒精脱色至无染色液流出，充分水洗；然后用碱性美蓝染液复染约 1 min，水洗，吸干，镜检。

注意事项：

1. 做细菌涂片时，不宜涂得过厚，以免影响制片效果。
2. 固定必须确实，火焰固定时不宜温度过高，以免破坏菌体结构。
3. 每种染色液染色的过程中应保持染色液不干，尤其需要加热染色的染色液，在染色过程中应随时添加，以免蒸发影响染色效果。
4. 每种染色液染色后，应用水将染色液一起冲掉，不可先将染色液倒去后再用水冲洗。

四、教学组织

实验 2～3 人一组，教师认真讲解操作规程，边讲解边示范，学生操作、观察、做图，在学生基本清楚的情况下，教师分别进行指导教学。

五、作业

1. 实验报告。
2. 心得体会。
3. 将每组涂片结果放置显微镜油镜观察，拍照发至课程群中。

实验实训四　常用培养基的制备

常用培养基的制备

一、目的要求

1. 掌握常用培养基的制备过程。
2. 掌握培养基 pH 的测定和调节方法。

二、设备材料

灭菌锥形瓶　烧杯　试管　平皿　天平　高压灭菌器　过滤装置　漏斗　纱布　电炉　玻棒　新鲜牛肉或牛肉浸膏　蛋白胨　磷酸氢二钾　氯化钠　琼脂　蒸馏水　0.1 mol/L 氢氧化钠溶液　精密 pH 试纸

三、实验实训内容

(一)基础培养基的制备

1. 普通肉汤培养基

取牛肉膏 3～5 g，置于烧杯中，称取蛋白胨 10 g，磷酸氢二钾 1 g，氯化钠 5 g，加入肉浸液中充分搅拌溶解，必要时可稍加温促进溶解。测定和调整 pH 至 7.4～7.6，用滤纸过滤，置高压灭菌器内灭菌(121℃，20 min)后，于无菌室或超净台内分装于试管内，每管约 10 mL，无此设备者可先分装后灭菌。如无新鲜牛肉，也可用牛肉浸膏代替。

2. 普通琼脂培养基

取 1 000 mL 普通肉汤培养基于烧杯中，加入 20～30 g 琼脂，加热使琼脂充分融化，趁热用 2

～4 层纱布过滤，补充蒸馏水至 1 000 mL，测定和调节 pH 至所需标准。高压灭菌后无菌分装于试管(装量为 1/4～1/3 管)中趁热斜置，冷却即成琼脂斜面；或分装平皿(厚度 2～3 mm)中，水平静置冷却即成琼脂平板。也可先分装于试管中，再进行高压灭菌，然后趁热斜置冷却。

(二)营养培养基的制备

1. 鲜血琼脂培养基

鲜血琼脂培养基亦称血液琼脂培养基。将灭菌后的普通琼脂培养基加热溶解，冷却至 45～50℃时加入无菌鲜血(每 100 mL 普通琼脂中加入鲜血 5～6 mL)，摇匀后趁热分装于试管中制成斜面，或分装于平皿中制成平面。若温度过高时加入鲜血，则血液变为暗褐色，称为巧克力琼脂。

2. 血清琼脂培养基

方法同鲜血琼脂培养基，血清用量为每 100 mL 普通琼脂中加入 5～6 mL。

(三)其他常用培养基的制备

1. 半固体培养基

制备方法同普通琼脂，只是将琼脂的用量减少为 0.5%～0.7%。

2. 马铃薯琼脂培养基

马铃薯 200 g，去皮后切成小块，加蒸馏水煮沸 30 min，用 4 层纱布过滤，加入葡萄糖 20 g，融化后补充蒸馏水至 1 000 mL，调节 pH 至 4.5，灭菌后分装即可。主要用于霉菌和担子菌的分离培养。

3. 麦康凯琼脂培养基

蛋白胨 2 g，乳糖 1 g，氯化钠 0.5 g，胆盐 0.5 g，1% 中性红水溶液 0.5 mL，蒸馏水加至 1 000 mL。

4. SS 琼脂培养基

蛋白胨 5 g，牛肉浸膏 5 g，乳糖 10 g，胆盐 10 g，枸橼酸钠 10～14 g，硫代硫酸钠 8.5 g，枸橼酸铁 0.5 g，0.5% 中性红水溶液 4.5 mL，0.1% 亮绿溶液 0.33 mL，琼脂 25～33 g，蒸馏水加至 1 000 mL。

(四)pH 测定法

1. 精密 pH 试纸法

取该试纸一条浸入欲测的培养基中，0.5 s 后取出与标准比色卡比较，如为酸性，滴加 1 mol/L 氢氧化钠溶液至 pH 至所需标准。滴加 1 mol/L 氢氧化钠溶液时，应充分摇匀，再用试纸测定。

2. 标准比色管法

一般细菌生长的 pH 为 7.6～7.8，测定方法如下：

(1)取大小相同的比色管 4 支，每管分别加入不同的溶液。①培养基管(对照管)加肉汤培养基 5 mL；②标准比色管；③有指示剂的培养基管(内装 5 mL 肉汤培养基和 0.02% 酚红指示剂 0.25 mL)；④蒸馏水管。

(2)对光观察。比较两侧观察孔内颜色是否相同，若培养基为酸性(一般为酸性)，则向③管内慢慢滴加 0.1 mol/L 氢氧化钠溶液，每滴一次，将试管内液体摇匀，直至③④两管相加的颜色与①②两管相同为止。

(3)记录 5 mL 培养基中滴加 0.1 mol/L 氢氧化钠溶液的用量。

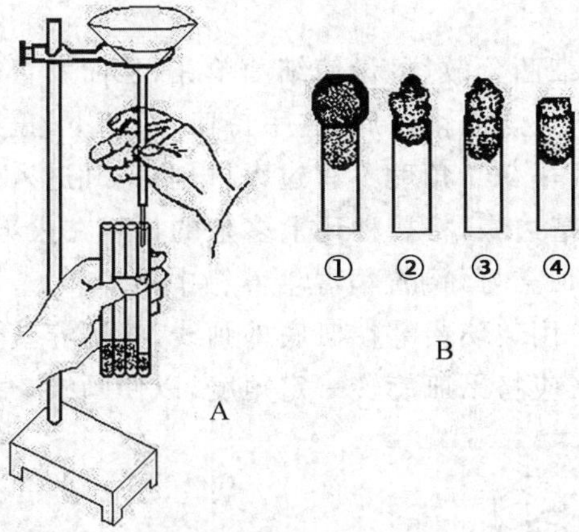

培养基的分装装置与棉塞

四、教学组织

实验 2～3 人一组，教师认真讲解操作规程，边讲解边示范，学生理解、操作，在学生基本清楚的情况下，教师分别进行指导教学。

五、作业

1. 实验报告。
2. 心得体会。
3. 将制备好的培养基做好标记存放冰箱备用。

实验实训五　细菌的分离培养及培养性状的观察

细菌的分离培养及培养性状的观察

一、目的要求

1. 掌握细菌的分离培养、纯化的操作技能。
2. 掌握细菌在培养基上的生长特性。

二、设备材料

恒温培养箱　病料或细菌培养物　接种环　接种针　酒精灯　灭菌吸管　各种细菌培养基　无水碳酸钠　氢氧化钠或氢氧化钾　凡士林及生理盐水

三、实验实训内容

（一）细菌的分离培养

1. 病料的采取

将新鲜肛门拭子用灭菌生理盐水洗涤，洗涤液可用于分离培养；采取新鲜粪便的中心部分，用灭菌生理盐水稀释搅匀后澄清，其上清液可用于分离培养；如为病理组织，可用烧红的刀片在其表面烫一下，随即用此刀片在烫过的地方切一小口，用灭菌接种环在切口处蘸一下，即可用于分离培养。

2. 平板画线分离培养

目的是将病理材料中的细菌分散,尽量使细菌单在,从而发育成单个菌落,防止长成菌苔。

(1)直接画线分离培养。点燃酒精灯后,左手持皿,底朝下,盖在上,以无名指和小指托底,拇指、食指和中指将皿盖揭开呈20°,角度不宜过大,以防空气进入;右手持接种环,在火焰上烧灼后取少许的材料涂在培养基边缘,将接种环上多余的材料在火焰上烧掉,然后在培养基表面进行"Z"字形画线,然后将平皿盖好,倒置恒温培养箱中培养。

(2)分区画线分离培养。用玻璃铅笔在皿底外画线,将培养基分成3~6个小区,持皿方法同直接画线,每画完一个小区应将平皿旋转一定角度,以便画线。

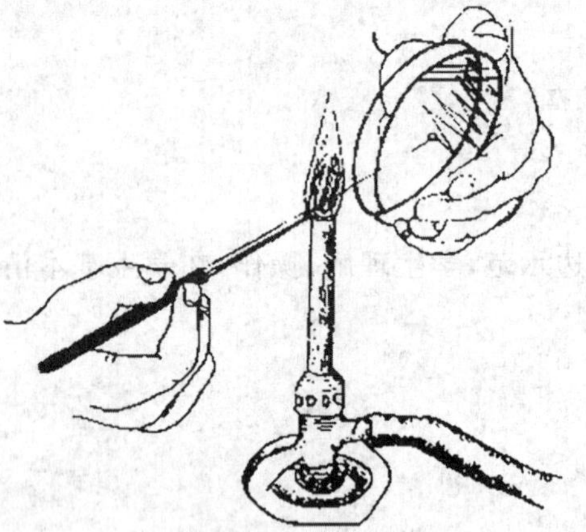

平板画线操作示意图

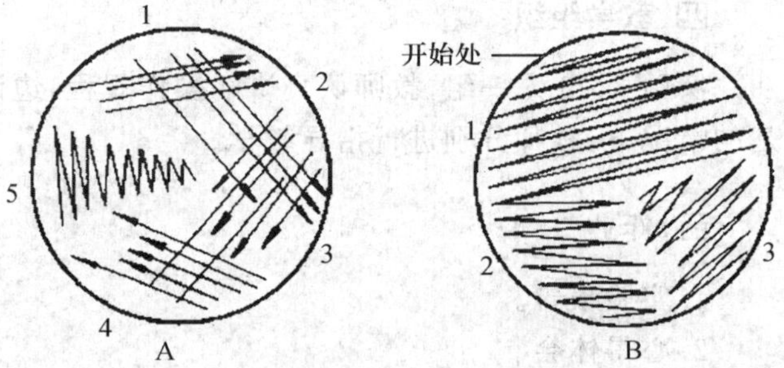

画线分离示意图

(3)斜面画线分离培养。左手持试管,手掌朝上,食指和拇指夹住试管;右手持接种环,先将试管的棉塞端在酒精灯火焰上方旋转两周,然后用右手小指和手掌边缘夹住棉塞,打开试管,保持试管口在火焰上方进行操作。在斜面上从试管底部向试管口作"Z"字形画线,接种完毕,在酒精灯火焰附近塞上棉塞后,在火焰上方旋转两周。用铁丝篓或试管架直立放置恒温培养箱中培养。

(4)增菌培养。当病料中的细菌很少时,直接进行分离培养往往不易成功,常先用液体培养基进行增菌培养。方法是取少许病理材料直接加入培养基中,置恒温培养箱中培养24~48 h后,取少量培养液画线分离培养。

(二)细菌的纯化

操作方法基本同分离培养,但进行斜面纯化移植时左手应同时握住原培养管和待接种管,右手小指和手掌边缘夹住一个棉塞,无名指和中指夹住一个棉塞,必要时中指和食指还可夹住第三个棉塞。液体培养基的纯化移植同液体培养基初次分离培养。

(三)细菌在培养基上的生长特性观察

1. 固体培养基上的生长特性

细菌在固体培养基上生长繁殖,可形成菌落。观察菌落时,主要观察以下特点:

(1)大小。不同细菌,其菌落大小变化很大。常用直径来表示大小,单位是mm或μm。

(2)形状。主要有圆形、露滴状、乳头状、煎蛋状、云雾状、放射状、蛛网状、同心圆状、扁平状和针尖状等。

(3)边缘特征。有整齐、波浪状、锯齿状、卷发状等。

(4)表面性状。有光滑、粗糙、皱褶、颗粒状、同心圆状、放射状等。

(5)湿润度。有干燥和湿润两种。

(6)隆起度。有隆起、轻度隆起、中央隆起和云雾状等。

(7)色泽和透明度。色泽有白、乳白、黄、橙、红及无色等;透明度有透明、半透明、不透明等。

(8)质地。有坚硬、柔软和黏稠等。

(9)溶血性。分为 α-溶血、β-溶血和 γ-溶血 3 种。

2.液体培养基上的生长特性

(1)浑浊度。分为强度浑浊、轻微浑浊和透明 3 种。

(2)底层情况。有沉淀和无沉淀两种,有沉淀又可分为颗粒状和絮状。

(3)表面性状。分为形成荚膜、菌环和无变化 3 种。

(4)产生气体和气味。很多细菌在生长繁殖的过程中能分解有机物产生气体,可通过观察是否产生气泡或收集产生的气体来判断;还有一些细菌在发酵有机物时能产生特殊气味,如鱼腥味、醇香味等。

(5)色泽。细菌在生长繁殖过程中能使培养基变色,如变为绿色、红色、黑色等。

3.半固体培养基上的生长特性

有运动性的细菌会沿穿刺线向周围扩散生长,形成倒松树状、试管刷状、云雾状等;无运动性的细菌则只沿穿刺线呈线状生长。

注意事项:

1.细菌的分离培养必须严格遵循无菌操作。

2.接种环或接种针在挑取菌落前应先在培养基无菌落处冷却,否则会将所挑的菌落烫死而使培养失败。

3.画线接种时应先将接种环的环部稍弯曲,同时用力适度;分区接种时,每区开始的第一条线应通过上一区的画线。

4.不同细菌所需要的培养时间相差很大,应根据不同的菌种培养观察。

四、教学组织

实验 2～3 人一组,教师认真讲解操作规程,边讲解边示范,学生操作,在学生基本清楚的情况下,教师分别进行指导教学。

五、作业

1.实验报告。

2.心得体会。

3.将自己的培养物拍照并贴在实验报告上。

实验实训六　细菌的药物敏感试验(纸片法)技术

细菌的药物敏感试验(纸片法)技术

一、目的要求

1. 掌握消毒药及治疗药物的杀菌或抑菌作用。

2. 学会药物敏感性试验的操作技术。

二、设备材料

接种环　酒精灯　试管架　恒温箱　镊子　常用消毒剂　浸有药物的干燥滤纸片　普通琼脂平板　大肠杆菌　枯草杆菌和金黄色葡萄球菌的培养物　各种抗生素

三、实验实训内容

(一)化学消毒剂的杀菌作用

1. 以接种环取大肠杆菌及葡萄球菌菌液(18～24 h肉汤培养物),用连续画线法分别接种于两个琼脂平板上,使菌液密布于培养基表面。

2. 以灭菌镊子夹取纸片(直径6 mm)分别浸于0.1%氧化汞、5%石炭酸、2%来苏儿、2%碘酊中,每管中浸2片。浸透后,再将纸片一一取出,分别放在已接种细菌的琼脂平板表面,各纸片间的距离要大致相等。

3. 置37℃培养24 h,观察结果。测量各消毒剂纸片周围的抑菌圈,记录、分析实验结果。

(二)细菌对抗生素等药物的敏感试验

测定细菌对抗生素等药物的敏感度,可供临诊时正确选用药物。

1. 取6～8 h的大肠杆菌与金黄色葡萄球菌的肉汤培养物,以密集均匀画线法,分别接种在两个普通琼脂平板表面。

2. 在平皿底部背面用蜡笔标记"青霉素""链霉素""庆大霉素""盐水""小檗碱"。

3. 用灭菌镊子夹取浸有药物的干燥滤纸片,按标记位置,轻轻贴在已接种好细菌的琼脂培养基的表面,一次放好,不得移动。

4. 置37℃温箱内培养18～24 h后取出,观察并记录、分析结果。根据纸片周围有无抑菌圈及其直径大小,按表中标准确定细菌对抗生素等药物的敏感度。

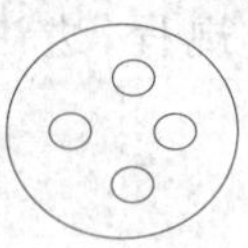

药物敏感性试验纸片的贴法

细菌对不同抗菌药物敏感性标准

药物名称	抑菌圈直径/mm	敏感度
青霉素	＜10	不敏感
	11～20	中度敏感
	＞20	高度敏感

续表

药物名称	抑菌圈直径/mm	敏感度
土霉素	<10	不敏感
四环素、新霉素	11～14	中度敏感
链霉素、磺胺	>14	高度敏感
	<12	不敏感
庆大霉素 卡那霉素	13～14	中度敏感
	>14	高度敏感
	<10	不敏感
氯霉素 红霉素	11～17	中度敏感
	>17	高度敏感
	<10	不敏感
其他	11～15	中度敏感
	>15	高度敏感

附：干燥抗菌纸片的制备法

取直径 6 mm 的无菌滤纸片，浸于一定浓度的抗菌药液中，如青霉素 100 IU/mL，链霉素、氯霉素等抗生素 2 mg/mL，磺胺嘧啶针剂 0.1 mg/mL，小檗碱或其他中药可根据需要稀释原液。一般每毫升药液中装有滤纸片 100 片，浸泡 1～2 h 后干燥备用，药剂维持 1～2 个月有效。

注意事项：

1. 试验用菌种对于被测定的抗生素应具有高度敏感性。
2. 药检所下发的试验菌种为冷冻干燥品，保存于 5～8℃冰箱内，一般可保存 1～3 年。
3. 实验时，一定要建立“无抗生素操作的观念”。
4. 磺胺类药物用无胨琼脂平板，因蛋白质会使磺胺失去作用。

四、教学组织

实验 2～3 人一组，教师认真讲解操作规程，边讲解边示范，学生理解、操作，在学生基本清楚的情况下，教师分别进行指导教学。

五、作业

1. 实验报告。
2. 心得体会。
3. 将本组结果拍照贴在实验报告上。

实验实训七　外界环境微生物测定技术

七沙门氏菌检测

一、实验目的

1. 了解自然界中微生物的分布及意义。
2. 掌握水中细菌总数的测定方法。

二、设备材料

琼脂　玻璃平皿　生理盐水　试管　吸管　恒温箱　自来水

三、实验实训内容

(一)空气中的微生物

取琼脂平皿数个,分别置于不同的地方,打开皿盖,暴露于空气中,经 5、10、30、60 min 后,将盖盖好,置恒温箱中培养 24～48 h,观察生长情况。

(二)水中的微生物

水的来源不同,所含细菌种类及活菌数亦不同,按国家规定,1 mL 饮用水中的细菌总数不得超过 100 个,大肠杆菌指数不应大于 3。

水的细菌总数检查法如下:

1.吸取自来水 1 mL 移至无菌空培养皿内。

2.另取 3 只空培养皿及 2 支盛有 9 mL 生理盐水的试管备用。吸取井水或池水 1 mL 移至第 1 个空培养皿内,另 1 mL 移至第 1 支盐水管中。用吸管吹吸 3 次,将第 1 支盐水管混匀后吸出 1 mL(1∶10)移至第 2 个空培养皿内;吸另 1 mL 移至第 2 支盐水管中,同法混匀后,吸出 1 mL(1∶100)移至第 3 个空培养皿内。

3.取 4 个融化后冷至 45℃的高层琼脂,分别倾于上述四个培养皿内,混匀后,静置凝固。

4.将上述四个凝固后的培养皿置于恒温箱(37℃)内,孵育 24 h,取出观察。分别在细菌菌落计算器上算出自来水、井水或池水中每毫升所含活菌数。计算菌落时,一般选择生长有 30～300 个菌落的培养皿,算出精确菌落数后,分别乘以稀释倍数,再取其平均值即得。

(三)动物毛上的微生物

用无菌剪刀和镊子剪取牛毛一束,浸于无菌生理盐水 3～5 mL 中,振荡片刻,吸取浸泡液 0.5 mL 作倾注培养,置恒温箱中,次日观察结果。

(四)家畜口腔中的微生物

取新鲜琼脂平皿及加有 5%蔗糖的培养琼脂平皿各一个,距离一尺,对准家畜的鼻腔,令其呼吸 3 次,盖好后置恒温箱中培养,次日或再次日检查结果。

四、教学组织

实验 2～3 人一组,教师认真讲解操作规程,边讲解边示范,学生理解、操作,在学生基本清楚的情况下,教师分别进行指导教学。

五、作业

1.实验报告。

2.心得体会。

实验实训八　实验动物接种技术

小鼠的操作技术

一、实验目的

1. 掌握实验动物注射的一般方法。
2. 掌握实验动物的剖检技术。
3. 掌握微生物学诊断用病料的采取方法及包装寄送。

二、设备材料

实验动物　注射器　针头　酒精　碘酊　注射药物

三、实验实训内容

(一)实验动物接种操作技术

1. 实验动物的选择和接种后的管理

根据病原微生物的生物学特点和实验目的的要求选择适宜的实验动物(应考虑经济、健康、适龄、体重和性别等因素)和接种途径。接种完毕后,实验动物必须隔离饲养,做好标记,并详细记载。

2. 实验动物的固定方法:示教。

3. 实验动物的接种(感染)方法

①皮下接种:一般在前肢或腋下皮下接种。

②腹腔接种:将后肢抬高,从腹后侧注射,确定注射针进入腹腔后方可注射。

③静脉注射:家兔可进行耳外缘静脉注射,小鼠可尾中缘静脉注射。

④肌内注射:从肌肉丰满处注射。

(二)实验动物的剖检、病料采取、包装要求

1. 实验动物死亡后立即解剖,以免腐败菌及肠道菌侵入脏器,给病原菌的分离带来困难,甚至不能得到应有的结果,同时影响病理变化的观察。

2. 解剖用器械,必须经煮沸或高压灭菌。每一脏器用一套器械。

3. 实验动物在瓷盘中固定后,先用消毒药水将毛充分浸湿,打开皮肤后,用酒精棉球灼烧腹壁,剪开腹壁。

①以无菌操作法取病料,放入无菌容器送检或进行接种工作,再取病料制片,以备染色镜检。

②用酒精棉球灼烧胸壁,打开胸腔,无菌采取胸水、心包液及血液进行培养或送检,并取病料制片染色镜检。

③观察实验动物有无特殊病变。

④做好详细记录。

四、教学组织

实验 2～3 人一组,教师认真讲解操作规程,边讲解边示范,学生理解、操作,在学生基本清楚的情况下,教师分别进行指导教学。

五、作业

1. 实验报告。
2. 心得体会。
3. 将采集好的病料做好标记，拍照贴于实验报告上。

实验实训九　病毒鸡胚接种技术

一、目的要求

1. 掌握病毒的鸡胚培养方法。
2. 掌握病毒的鸡胚接种技术。

犬细小病毒胶体金检测技术

二、设备材料

消毒设备　注射器　头皮针　滴管　接种环　酒精灯　受精卵　照蛋器　孵化设备　卵盘　卵杯　接种箱　眼科镊子和剪子　毛细吸管　锥子　灭菌平皿　恒温箱　碘酒　70%酒精　镊子　剪刀　封蜡

三、实验实训内容

1. 准备蛋胚

孵育前的鸡卵先清水用布洗净，再用干布擦干，放入孵卵器内进行孵育(37℃，相对湿度是45%～60%)，孵育 3 d 后，鸡卵每日翻动 1～2 次。孵至第 4 日，用检卵灯观察鸡胚发育情况，未受精卵，只见模糊的卵黄黑影，不见鸡胚的形迹，这种鸡卵应淘汰。活胚可看到清晰的血管和鸡胚的暗影，比较大一些的可以看见胚动，随后每日观察一次，胚动呆滞或没有运动的、血管昏暗模糊者，即可能是已死或将死的鸡胚，要随时淘汰。生长良好的蛋胚一直孵育到接种前，具体胚龄视拟培养的病毒种类和接种途径而定。

2. 接种

(1)绒毛尿囊膜接种

①将孵育 10～12 d 的蛋胚放在检卵灯上，用铅笔勾出气室与胚胎略近气室端的绒毛尿囊膜发育得好的地方。

②用碘酒消毒气室顶端与绒毛尿囊膜记号处，并用磨壳器或齿钻在记号处的卵壳上磨开一三角形或正方形(每边 5～6 mm)的小窗，不可弄破下面的壳膜。在气室顶端钻一小孔。

③用小镊子轻轻揭去所开小窗处的卵壳，露出壳下的壳膜，在壳膜上滴一滴生理盐水，用针尖小心地划破壳膜，但注意切勿伤及紧贴在下面的绒毛尿囊膜，此时生理盐水自破口处流至绒毛尿囊膜，以利两膜分离。

④用针尖刺破气室小孔处的壳膜，再用橡皮乳头吸出气室内的空气，使绒毛尿囊膜下陷而形成人工气室。

⑤用注射器通过窗口的壳膜窗孔滴 0.05～0.1 mL 牛痘病毒液于绒毛尿囊膜上。

⑥在卵壳的窗口周围涂一半凝固的石蜡，形成堤状后，立即盖上消毒盖玻片。也可用揭下的卵壳封口，则将卵壳盖上，接缝处涂石蜡，但石蜡不能过热，以免流入卵内。将鸡卵始终保持人工气室在上方的位置进行37℃培养，48～96 h观察结果。

(2)尿囊腔接种

取用孵育10～12 d的蛋胚，因这时尿囊液积存得最多。

①将蛋胚在检卵灯上照视，用铅笔画出气室与胚胎位置，并在绒毛尿囊膜血管较少的地方做记号。

②将蛋胚竖放在蛋座木架上，钝端向上。用碘酒消毒气室蛋壳，并用钢针在记号处钻一小孔。

③用带18 mm长针头的1 mL注射器吸取鸡新城疫病毒液，针头刺入孔内，经绒毛尿囊膜入尿囊腔，注入0.1 mL病毒液。

④用石蜡封孔后于37℃孵卵器孵育72 h。

(3)羊膜腔接种

①将孵育10～11 d的蛋胚照视，画出气室范围，并在胚胎最靠近卵壳的一侧做记号。

②用碘酒消毒气室部位的蛋壳，用齿钻在气室顶端磨一三角形，每边约1 cm的裂痕。注意勿划破壳膜。

③用灭菌镊子揭去蛋壳和壳膜，并滴一滴灭菌液体石蜡于下层壳膜上，使其透明，以便观察，若将蛋胚放在检卵灯上，则看得更清楚。

④用灭菌尖头镊子，两页并拢，刺穿下层壳膜和绒毛尿囊膜没有血管的地方，夹住羊膜从刚才穿孔处拉出来。

⑤左手用另一把无齿镊子夹住拉出的羊膜，右手持带有26号针头的注射器，刺入羊膜腔内，注入鸡新城疫病毒液0.1 mL。针头最好用无斜削尖端的钝头，以免刺伤胚胎。

⑥用绒毛尿囊膜接种法的封闭方法将卵壳的小窗封住，于37℃孵卵器内孵育48～72 h，保持蛋胚的钝端朝上。

3.收获

(1)绒毛尿囊膜

①用碘酒消毒人工气室上的卵壳，去除窗孔上的盖子。

②将灭菌剪子插入窗内，沿人工气室的界限剪去壳膜，露出绒毛尿囊膜，再用灭菌眼科镊子将膜正中夹起，用剪刀沿人工气室边缘将膜剪下，放入加有灭菌生理盐水的培养皿内，观察病灶形状。用于传代或用50%甘油保存。

(2)尿囊腔接种法收获尿囊液

①将蛋胚放在冰箱内冷冻半日或一夜，使血管收缩，以便得到无胎血的纯尿囊液。

②用碘酒消毒气室处的卵壳，并用灭菌剪刀除去气室的卵壳。切开壳膜及其下面的绒毛尿囊膜，翻开到卵壳边上。

③将鸡卵倾向一侧，用灭菌吸管吸出尿囊液。一个蛋胚可收获6 mL左右尿囊液。若操作时损伤了血管，则病毒会吸附在红细胞上，尿囊液失去效用。收获的尿囊液经无菌试验后可在4℃以下的温度中保存。

④观察鸡胚，看有无典型的症状。

(3)羊膜腔接种法收获羊水

①按收获尿囊液的方法消毒、去壳，翻开壳膜和尿囊膜。

②先吸出尿囊液，再用镊子夹出羊膜，以尖头毛细吸管插入羊膜腔，吸出羊水，放入灭菌试管内，每蛋胚可吸 0.5～1.0 mL。经无菌试验后，保存于低温环境中。

③观察鸡胚的症状。

四、教学组织

实验 2～3 人一组，教师认真讲解操作规程，边讲解边示范，学生理解、操作，在学生基本清楚的情况下，教师分别进行指导教学。

五、作业

1. 实验报告。

2. 心得体会。

实验实训十　NDV 的 HI/HA 试验(微量法)操作技术

一、目的要求

1. 掌握鸡新城疫病毒的红细胞凝集和凝集抑制试验（微量法）的操作方法。

2. 掌握这两个试验的判定方法。

NDV 的 HIHA 试验
微量法操作技术

二、设备材料

96 孔“V”型微量血凝集反应板　微量移液器（0.025 mL）　微量振荡器　玻璃注射器　离心管　离心机　灭菌生理盐水　0.5％鸡红细胞悬液　鸡新城疫弱毒疫苗Ⅱ系或 Lasota 系　鸡新城疫标准阳性血清和阴性血清　被检血清

三、实验实训内容

（一）试验准备

0.5％红细胞液的制法：由鸡翅静脉或心脏采血，放入灭菌试管（按每毫升血加入 3.8％灭菌柠檬酸钠 0.2 mL 做抗凝剂）内，迅速混匀，将此血液注入离心管中，经 3 000 转/min，离心 5～10 min，用吸管吸去上清液和红细胞上的白细胞薄膜，将沉淀的红细胞加生理盐水洗涤，如此反复洗涤三次，将最后一次离心后的红细胞，按 0.5％的稀释度加入生理盐水配成 0.5％鸡红细胞生理盐水悬液。

（二）病毒的红细胞凝集试验（微量法）

1. 用微量吸液器每孔滴加生理盐水 0.025 mL。

2. 用微量吸液器再吸取 0.025 mL 病毒，滴于第 1 孔中，用移液器抽吸 5 次混合后吸至第 2 孔，依次倍比稀释到第 11 孔，弃去 0.025 mL，病毒稀释倍数依次为（1∶2）～（1∶2 048），第 12 孔做对照。

3. 再以微量吸液器每孔加 0.5％鸡红细胞悬液 0.025 mL。

4. 置于振荡器上振荡混匀约 1 min，放入 37℃恒温箱中 15～30 min，取出观察结果。

鸡新城疫红细胞凝集(HA)试验(微量法) IU/mL

孔号	1	2	3	4	5	6	7	8	9	10	11	12
生理盐水	0.025	0.025	0.025	0.025	0.025	0.025	0.025	0.025	0.025	0.025	0.025	0.05
鸡新城疫弱毒疫苗	0.025	0.025	0.025	0.025	0.025	0.025	0.025	0.025	0.025	0.025	0.025	弃(0.025)
0.5%鸡红细胞悬液	0.025	0.025	0.025	0.025	0.025	0.025	0.025	0.025	0.025	0.025	0.025	0.025
病毒稀释倍数	1∶2	1∶4	1∶8	1∶16	1∶32	1∶64	1∶128	1∶256	1∶512	1∶1024		
作用温度与时间	振荡器上振荡混均约 1 min,放入 37℃恒温箱中 15～30 min											
结果(例)	++++	++++	++++	++++	++++	++++	++++	++++	++	−	−	−

注:++++表示完全凝集　++表示不完全凝集　−表示不凝集

观察结果:将反应板倾斜至 45°,沉于孔底的红细胞沿倾斜面向下呈线状流动,表明红细胞未被或不完全被病毒凝集;如果孔底的红细胞铺平孔底,凝成均匀薄层,倾斜后红细胞不流动,说明红细胞被病毒凝集。

如上例:病毒液的 HA 效价 1∶256,HI 试验时,病毒抗原液 0.025 mL 内须含 4 个凝集单位,则应将病毒液作成 256/4=64 倍的稀释液。

(三)病毒的红细胞凝集抑制试验(HI)

1.用微量移液器 1～10 孔均滴加生理盐水 0.025 mL,第 11 孔滴加 0.05 mL。

2.用微量吸液器再吸取 0.025 mL 被检血清,滴于第 1 孔中,用吸液器挤 5 次混合后吸至第 2 孔,依次倍比稀释到第 10 孔,弃去 0.025 mL,被检血清稀释倍数依次为(1∶2)~(1∶1 024)。

3.再以微量吸液器每孔加入含有 4 个单位的病毒液 0.025 mL 至第 10 孔,第 11 孔为红细胞对照孔,不加病毒液。

4.置于振荡器上振荡混匀约 1 min,放入 37℃恒温箱中 15～20 min。

5.再以微量吸液器每孔加 0.5%鸡红细胞悬液 0.025 mL,放在振荡器上振荡 1～2 min 混匀,置 15～30 min,判定结果。

6.每次试验应做抗原对照管。

鸡新城疫细胞凝集抑制试验操作术式(微量法) IU/mL

孔号	1	2	3	4	5	6	7	8	9	10	11	12
被检血清稀释倍数	1∶2	1∶4	1∶8	1∶16	1∶32	1∶64	1∶128	1∶256	1∶512	1∶1 024	红细胞对照	抗原对照
生理盐水	0.025	0.025	0.025	0.025	0.025	0.025	0.025	0.025	0.025	0.025	0.05	弃(0.025)
免疫血清	0.025	0.025	0.025	0.025	0.025	0.025	0.025	0.025	0.025	0.025		
4IU 病毒	0.025	0.025	0.025	0.025	0.025	0.025	0.025	0.025	0.025	0.025		0.025
0.5%鸡红细胞悬液	0.025	0.025	0.025	0.025	0.025	0.025	0.025	0.025	0.025	0.025	0.025	0.025

注:−表示不凝集　++ 表示不完全凝集　++++ 表示完全凝集

结果观察：将反应板倾斜45°，沉于管底的红细胞沿着倾斜面向下呈线状流动，表明红细胞未被或不完全被病毒凝集；如果孔底的红细胞铺平孔底，凝成均匀薄层，倾斜后红细胞不流动，说明红细胞被病毒凝集。

能将4 IU病毒物质凝集红细胞的作用完全抑制的血清最高稀释倍数，称为该血清的红细胞凝集抑制效价，用被检血清的稀释倍数或以2位底的对数表示。

四、教学组织

实验2～3人一组，教师认真讲解操作规程，边讲解边示范，学生理解、操作，在学生基本清楚的情况下，教师分别进行指导教学。

五、作业

1. 实验报告。
2. 心得体会。
3. 每组拍照，记录自己的试验结果。

实验实训十一　真菌的检验技术

霉菌的培养

一、目的要求

1. 掌握观察霉菌形态的基本方法，并观察其形态特征。
2. 掌握常用的霉菌制片方法。

二、设备材料

曲霉　青霉　根霉　毛霉　乳酸石炭酸棉蓝染色液　20%甘油
查氏培养基平板　马铃薯培养基　无菌吸管　载玻片　盖玻片　"U"型棒
解剖刀　玻璃纸　滤纸

三、实验实训内容

1. 一般观察法

于洁净载玻片上，滴一滴乳酸石炭酸棉蓝染色液，用解剖针从霉菌菌落的边缘处取少量带有孢子的菌丝置于染色液中，再细心地将菌丝挑散开，然后小心地盖上盖玻片，注意不要产生气泡。置显微镜下先用低倍镜观察，必要时再换高倍镜观察。

2. 载玻片观察法观察

(1)将略小于培养皿底部内径的滤纸放入皿内，再放上"U"型玻棒，其上放一洁净的载玻片，然后将2个盖玻片分别斜立在载玻片的两端，盖上皿盖，把数套(根据需要而定)如此装置的培养皿叠起，包扎好，121.3℃灭菌20 min或干热灭菌，备用。

(2)将6～7 mL灭菌的马铃薯葡萄糖培养基倒入直径为9 cm的灭菌平皿中，待凝固后，用无菌解剖刀切成0.5～1 cm^2的琼脂块，用刀尖铲起琼脂块放在已灭菌的培养皿内的载玻片上，每片上放置2块。

(3)用灭菌的尖细接种针或装有柄的缝衣针，取(肉眼可见)一点霉菌孢子，轻轻点在琼脂块的边缘，用无菌镊子夹着立在载玻片旁的盖玻片盖在琼脂块上，再盖上皿盖。

(4)在培养皿的滤纸上加无菌的 20% 甘油数毫升，至滤纸湿润即可停加。将培养皿置 28℃培养一定时间后，取出载玻片置显微镜下观察。

3. 玻璃纸透析培养观察法

(1)向霉菌斜面试管中加入 5 mL 无菌水，洗下孢子，制成孢子悬液。

(2)用无菌镊子将已灭菌的、直径与培养皿相同的圆形玻璃纸覆盖于查氏培养基平板上。

(3)用 1 mL 无菌吸管吸取 0.2 mL 孢子悬液于上述玻璃纸平板上，并用无菌玻璃刮棒涂抹均匀。

(4)置 28℃温室培养 48 h 后，取出培养皿，打开皿盖，用镊子将玻璃纸与培养基分开，再用剪刀剪取一小片玻璃纸置于载玻片上，用显微镜观察。

四、教学组织

实验 2～3 人一组，教师认真讲解操作规程，边讲解边示范，学生理解、操作，在学生基本清楚的情况下，教师分别进行指导教学。

五、作业

1. 实验报告。
2. 心得体会。

实验实训十二　凝集试验

虎红平板凝集试验

一、目的要求

1. 掌握玻片凝集和试管凝集试验的操作方法。
2. 掌握这两种试验的结果判定。

二、设备材料

沙门氏菌诊断血清　鸭沙门氏菌及大肠杆菌 24 h 培养物　布氏杆菌阳性及阴性血清　布氏杆菌抗原　生理盐水　毛细吸管　试管架　刻度吸管　接种环　玻片

三、实验实训内容

(一)玻片凝集试验

将玻片分成三格，在第 3 格内加 1 滴生理盐水，第 1、2 格内各加 1 滴沙门氏菌诊断血清，用接种环自斜面挑取鸭沙门氏间液置于第 3 格内混匀，随即再取一环置第 1 格内混匀；接种环灭菌后取大肠杆菌混匀于第 2 格，静止 2～3 min 后观察结果。

结果判定：第 1 格内应形成白色块状凝集物；第 2、3 格内均无凝集物形成。

(二)试管凝集试验

1. 取小试管 7 支依次编号，按表中比例先加入生理盐水。

2. 吸取布氏杆菌阳性血清 0.2 mL 于第 1 管连续吹吸 3 次，充分混匀后，吸出 1.5 mL 弃之，再吸出 0.5 mL 加入第 2 管，同法混匀后吸取 0.5 mL 于第 3 管，依此类推连续稀释到第 4 管，混匀后吸弃 0.5 mL。第 5 管不加阳性血清，第 6 管中加 1∶25 稀释的阳性血清 0.5 mL，第 7 管中加 1∶25 稀释的阳性血清 0.5 mL。

3. 吸取 1∶20 布氏杆菌抗原于各管内 0.5 mL，分别摇匀后置 37℃ 24 h，观察结果。

4. 结果判定：

以产生明显凝集(＋＋)的血清最高稀释度为其效价。判定标准：

＋＋＋＋　大凝集块，液体透明，为 100％凝集。

＋＋＋　凝集片明显，液体较透明，为 75％凝集。

＋＋　凝集片可见，液体不太透明，为 50％凝集。

＋　液体浑浊，少量细菌凝集，为 25％凝集。

—　液体均匀浑浊，无凝集。

凝集试验加样表

试剂种类	1	2	3	4	5	6	7
	1∶25	1∶50	1∶100	1∶200	对照		
					抗原对照	阳性血清 1∶25	阴性血清 1∶25
0.5％生理盐水	2.3	0.5	0.5	0.5	0.5	—	—
	0.2	0.5	0.5	0.5	—	0.5	0.5
被检血清	0.5	0.5	0.5	0.5	0.5	0.5	0.5
抗原(1:20)		弃 1.5			弃 0.5		

四、教学组织

实验 2～3 人一组，教师认真讲解操作规程，边讲解边示范，学生理解、操作，在学生基本清楚的情况下，教师分别进行指导教学。

五、作业

1. 实验报告。

2. 心得体会。

实验实训十三　琼脂扩散试验技术

一、目的要求

1. 掌握环状沉淀和琼脂扩散试验的一般操作。

2. 掌握这两种试验的结果判定。

二、设备材料

小试管　毛细吸管　三角烧瓶　高压灭菌器　酒精灯　玻片或平皿　打孔器　温箱及

湿盒

优质琼脂 1 g 加 pH 7.4 的 0.01 moL/LPBS 或生理盐水(禽类血清用 8%盐水)100 mL

抗原:鸡马立克氏病阳性抗原及待检鸡毛囊或马传贫抗原。

抗体:鸡马立克氏病标准诊断血清或疑似马传贫的病马血清及阳性血清。

三、实验实训内容

(一)环状沉淀试验(以炭疽杆菌为例)。

1.抗原制备

取可疑患炭疽死亡病畜的皮肤或脏器约 1 g 放入试管或小三角烧瓶中,加生理盐水 510 mL,煮沸 30～40 min。冷却后按最初量补足生理盐水,用滤纸过滤 2～3 次,取澄清液作为待检抗原。

2.取 3 支小试管,用毛细血管加 0.1 mL 炭疽沉淀血清(注意液面勿有气泡)。

3.取其中一只用毛细血管将待检抗原沿管壁轻轻加入,使其重叠在炭疽沉淀血清之上,上下两液间有一整齐界面。

4.另两只小试管做对照,一支加炭疽阳性抗原,一支加生理盐水,方法同上。

5.在 5～10 min 内判断结果,上下重叠的两液界面上出现乳白色环者为炭疽阳性,证明被检动物死于炭疽。加炭疽阳性抗原的对照管应出现白环,另一对照管则没有。

(二)琼脂扩散试验

1.取 1%琼脂加热融化后用毛细血管加入清洁的玻片上或倒入平皿中,厚 2.5～3 mm,注意勿倒出气泡。

2.冷凝后打孔,先在纸上画好 7 孔图案,将上述琼脂玻片或平皿置其上,用金属管或玻璃管按图形位置打孔,用针头或小镊子将孔内琼脂块挑出,外周孔径 6 mm,中央孔径 4 mm,孔距 3 mm。孔打完后轻轻在火焰上过数次或用小玻棒加热后封闭孔底。

3.中央孔加入马立克氏病标准诊断血清,第 1、4 孔加入阳性抗原,其余各孔加入待检鸡毛囊(或中央孔加绵羊血清,周围孔加兔抗羊血清)。样品用毛细吸管滴加,满孔为度。各样品吸管必须标注清楚,不得混用。加样后置湿盒中,于 30～37℃温箱中扩散 24 h,观察结果。

4.阳性抗原与标准血清间有明显致密的沉淀带,若样品抗原的沉淀线与之融合可判为阳性;若待检毛囊孔与标准抗血清间无沉淀带出现则为阴性。

四、教学组织

实验 2～3 人一组,教师认真讲解操作规程,边讲解边示范,学生理解、操作,在学生基本清楚的情况下,教师分别进行指导教学。

五、作业

1.实验报告。

2.心得体会。

实验实训十四　荧光抗体染色法

免疫组织化学

一、目的要求

1. 通过试验，进一步理解荧光抗体染色法的原理。

2. 以炭疽荚膜荧光抗体染色法为例，掌握荧光抗体染色法的基本操作方法。

二、操作步骤

原理：免疫球蛋白与荧光素结合后制成的荧光抗体，既具有与相应抗原结合的抗体特性，又具有在荧光显微镜下易检测的特性，故可作为一种特异性试剂，在特定条件下去浸染标本，当标本中存在相应的抗原时，抗原可与荧光抗体结合，形成抗原—抗体—荧光素复合物，在荧光显微镜下观察，即可看到荧光的抗原形态，表明相应抗原的存在。如果标本中不存在与该种荧光抗体相应的抗原，荧光抗体就不能被结合，而被水洗掉，在荧光显微镜下就看不到抗原的形态，从而达到鉴别抗原、诊断疾病的目的。

（一）直接法

1. 用疑似病尸的脏器（肝、脾、淋巴结等）涂片，自然干燥，火焰固定。

2. 用滴管将抗炭疽杆菌荚膜荧光抗体诊断液（用 PBS 稀释至工作效价）滴加于待检标本片上，并使之布满整个标本。

3. 将玻片置于湿盒中（玻片少时，可用大平皿，玻片多时，可用放有玻片架的有盖塘瓷盘，容器底部垫用含水纱布或滤纸），放到 37℃ 温箱 30 min 左右。

4. 取出玻片，用 pH 7.2～7.6 PBS 冲去多余的荧光抗体，将玻片在大量的 PBS 中漂洗 15 min，中间换液一次，再以蒸馏水冲洗除盐。

5. 玻片自然干燥后，放到荧光显微镜下，用高倍镜观察，或滴一滴甘油缓冲盐水（中性无自发荧光的甘油 9 份，加 pH 7.4～7.6 PBS 1 份）代替香柏油，用油镜观察。

（二）间接法

1. 用疑似病尸的脏器涂片，自然干燥，火焰固定。

2. 用滴管吸取未标记的兔抗炭疽杆菌荚膜血清（事先用 PBS 稀释 10～20 倍），滴加于待检标本片上，并使其布满整个标本。

3. 将玻片置于湿盒，放到 37℃ 温箱中，作用 30 min，取出玻片，用 PBS 冲洗 15 min，中间换液两次。

4. 玻片干燥后，滴加羊抗兔 IgG 荧光抗体诊断液（以 PBS 稀释至工作效价），并使它布满整个标本。

5. 置于湿盒中，放 37℃ 温箱，作用 30 min，取出玻片，用 PBS 充分漂洗，再以中性蒸馏水冲洗除盐。

6. 玻片干燥后，放荧光显微镜下观察。

结果判定

用荧光显微镜观察菌体荧光图像，主要以两个指标判定结果：一是菌体的形态特征；二是荧光亮度。疑为炭疽的标本片经荧光抗体（直接法或间接法）染色后，若标本片上发现增大的有荚膜的大杆菌，荚膜有明亮的黄绿色荧光，荚膜中央菌体呈暗绿色或不着色，则判为阳性；若被检病料有不同程度的分解，镜检时见到呈杆状排列的颗粒状荧光，而菌体不清，亦有一定的判定意义；但发现无荚膜而发均匀荧光的杆菌，则不能判为炭疽杆菌，因抗炭疽杆菌荚膜血清中含有沉淀素，能与部分其他需氧芽孢杆菌发生交叉反应。

初次应用制成的荧光抗体时，应设以下对照：

(1)阳性对照用接种炭疽杆菌死亡的小鼠肝脏涂片，用制备的荧光抗体染色，应见到明显增大的粗大杆菌，荚膜有明亮的黄绿—亮绿色荧光，菌体呈暗绿色，并应将制备的荧光抗体用 PBS 做不同倍数稀释后，分别染色，以确定荧光抗体的工作效价(菌体有明亮的荧光)及非特异性荧光最弱的荧光抗体稀释倍数。如制成的荧光抗体浓度太低，染色后荧光太弱，可将其浓缩后再用。

(2)类属抗原对照以枯草杆菌或其他类炭疽杆菌的纯培养物涂片，用制备的荧光抗体染色，应无明亮的特异荧光。

(3)阻抑试验将制备的荧光抗体与未标记的同类 IgG 或血清等量混合后，去染已知含炭疽杆菌的病料(一步法)，或先以未标记的血清处理标本片，作用 30 min 后，再加荧光抗体(二步法)染色，应无荧光或呈弱荧光。

实验实训十五　酶联免疫吸附试验(ELISA)

酶联免疫吸附试验

一、目的要求

1. 掌握 ELISA 的基本原理。

2. 熟悉 ELISA(间接法)的操作方法。

在合适的载体上，酶标记抗体或抗原与相应的抗原或抗体形成酶标记的抗原—抗体免疫复合物；在一定的底物参与下，免疫复合物上的酶催化底物使其水解，氧化或还原成另一种带色物质，由于在一定条件下，酶的降解底物和呈现色泽成正比，因而可以通过比色测定，计算出参与反应的抗原或抗体的含量。

ELISA 方法发展很快，每年都有创新和改进，ELISA 类型也很多，操作方法大体相似。本实验以经典的 ELISA 间接法测定猪旋毛虫抗体为例，说明 ELISA 的基本操作方法和原理。

二、操作步骤

(一)材料准备

1. 器材聚苯乙烯 40 孔平底反应板、加样器、滴管、滤纸、微量混合器、酶标分光光度计等。

2. 试剂

①包被液(CB，0.05 mol/L pH 9.6 碳酸盐缓冲液)。

Na_2CO_3	1.59 g
$NaHCO_3$	2.93 g
蒸馏水加至	1 000 mL

②稀释液(PBS，0.01 mol/L pH 7.2 磷酸盐缓冲液)。

A 液(0.2mol/L　Na_2HPO_4 溶液)	72 mL
B 液(0.2mol/L　NaH_2PO_4 溶液)	28 mL

NaCl	18 g
加蒸馏水至	2 000 mL

注：A液配制：71.64 g $Na_2HPO_4 \cdot 12H_2O$ 溶解在1 000 mL蒸馏水。

B液配制：31.2 g NaH_2PO_4 溶解在1 000 mL蒸馏水

③洗涤液（PBST，0.05%吐温PBS，pH7.4）。

A液（0.2mol/L Na_2HPO_4）	81.0 mL
B液（0.2mol/L NaH_2PO_4）	19.0 mL
吐温（Tween-20）	0.5 mL
NaCl	8.5 g
加蒸馏水至	1 000 mL

4℃冰箱保存备用。

④底物溶液（临用时配制，棕色瓶避光保存）。

邻苯二胺	40 mg
0.2 mol/L NaH_2PO_4	25.7 mL
2%无水柠檬酸液	29.3 mL
37% H_2O_2	0.15 mL
蒸馏水加至	100 mL

⑤终止液（2 mol/L H_2SO_4）。

用蒸馏水将10.8 mL浓硫酸稀释至100 mL（注意应是硫酸滴入水中）。

⑥酶标抗体兔抗猪IgG辣根过氧化物酶（HRP）标记抗体或酶标葡萄球菌A蛋白（酶标SPA），自制或购买。

⑦标准抗原自制或购买。

⑧标准阴、阳性血清自制或购买。

⑨检样采集的猪血清。

（二）操作步骤

1.抗原包被抗原用pH 9.6的碳酸盐缓冲液作适当稀释（购买者，按说明书；自制者，需事先进行滴定）后包被，每孔加200 μL，放湿盒置4℃冰箱过夜。

2.洗涤次日甩干（甩干洗涤液，下同）用pH 7.4 PBST洗涤3次，每次3 min（3×3′），每次洗涤时，先将上次洗涤液甩干。

3.加血清将被检血清作1∶80稀释（全血作1∶10稀释），每份血样做两孔，每孔加100 μL，同时加入1∶100阳性血清和1∶80阴性血清各两孔做对照，置湿盒放37℃温箱作用30 min。

4.洗涤同步骤（二）。

5.加酶标抗体（或酶标SPA）甩干，每孔加入酶标抗体（或酶标SPA）100 μL，37℃湿盒作用30 min。

6.洗涤同步骤（二）。

7.加底物每孔加底物溶液100 μL，37℃湿盒作用30 min。

8.终止反应每孔加入2 mol/L H_2SO_4 溶液（终止液）各一滴。

9.比色肉眼或用酶标分光光度计比色。

结果判定：

肉眼观察液体里黄色或棕褐色者为阳性反应，无色者为阴性反应。

分光光度计比色选用 492 nm 的波长比色，见被检血清 OD 值高于标准阴性血清平均 OD 值二倍以上者为阳性反应，否则为阴性反应。

实验实训十六　主要病原菌的认识

一、目的要求

认识结核分枝杆菌、布氏杆菌、炭疽杆菌、猪丹毒杆菌和多杀性巴氏杆菌的形态染色特性和培养特性。

二、操作步骤

（一）结核分枝杆菌

取培养物抹片（如没有培养物可用卡介苗代替），干燥、火焰固定，用齐—尼二氏法作抗酸染色（方法见实验二），干后镜检观察。

1. 形态染色特性

本菌为革兰氏阳性细长或微弯杆菌，牛型比人型短而粗，禽型具有多形性。无芽孢、无荚膜，不能运动，用齐—尼二氏法作抗酸染色，镜检，红色细菌为抗酸菌，其他细菌为蓝色。

2. 培养特性

本菌营养要求高，生长缓慢，需 2～6 周才能发育好，在甘油琼脂上形成干燥颗粒状、乳白色不透明叠起的菌落。

（二）布氏杆菌

布氏杆菌的病料最好取新鲜流产胎儿的胃内容物或用羊水、胎盘的坏死部分、阴道分泌物等，必要时也可取乳汁和尿进行检验。但乳汁和尿因含水较多，最好先用离心法沉淀，取其沉淀物进行镜检，分离培养或接种豚鼠。

取上述病料涂片（如无病料可用布氏抗原代替），用鉴别染色法着染后再进行镜检观察。

鉴别染色法常用以下两种：

1. 科兹洛夫斯基法

具体方法依次为：涂片、自然干燥、火焰固定，用 2%沙黄（即番红花红）水溶液加温染色，出现气泡为止（约 1.5 min），充分水洗 1～2 min，再用 1%孔雀绿水溶液染色 0.5～1 min（亦可用美兰液代替孔雀绿），水洗、干燥、镜检。

本菌呈红色，其他菌呈绿色（最好 40 min 内镜检，经久则红色褪去）。

2. 改良齐—尼二氏法

具体方法依次为：涂片、干燥、火焰固定，用稀释石炭酸复红液染色 10 min，水洗，再用 0.5%的醋酸处理，不超过 30 s，充分水洗，用 1%美兰轻度复染 20 s，水洗、干燥、镜检。

本菌呈红色、背景为蓝色。

3. 形态染色特性

本菌为革兰氏阴性球状或小而短杆菌，多单在，少短链，无运动性，不形成芽孢和荚膜。用科兹洛夫斯基鉴别染色法，本菌呈红色，其他杂菌呈绿色。

4.培养特性

流产布氏杆菌和绵羊布氏杆菌初代分离需在5～10%CO_2环境中方能生长（也可用燃烛法）。在肝汤琼脂上，72 h形成细小湿润、闪光、圆形隆起菌落。

血清肝汤琼脂内做振荡培养，3～6 d后布氏杆菌在距表面0.5 cm处形成带状生长。

（三）炭疽杆菌

可取病料（血液、水肿液、脾、淋巴结或人工感染小白鼠死亡后的肝）或培养物进行涂片，待自然干燥，火焰固定后，病料用美蓝或瑞特氏染色，培养物用革兰氏染色，干后镜检，观察。

1.形态染色特性

革兰氏阳性大杆菌。在组织标本（病料制片）中单个存在或呈短链排列，有荚膜，无芽孢，菌体呈杆状，两端相连处呈竹节状，在人工培养物标本中，细菌呈长链排列，无荚膜，有卵圆的中央或偏端芽孢。

2.培养特性

在普通琼脂上培养24 h，生成灰白色、扁平、毛玻璃样不透明菌落，边缘不整齐，呈卷发状，明胶穿刺，呈倒松树状。

（四）猪丹毒

病料采集：可疑猪丹毒疹块型取皮肤，败血型采取肾、肝、脾、心血、淋巴结和骨髓等检验，在实验中常用本菌培养物（肉汤或固体培养基加生理盐水稀释）注射小白鼠或鸽（在鸽体内菌形很大），死后取肝、心血涂片，自然干燥后用瑞氏或美蓝染色（方法见实验三），待干后，镜检观察。

1.形态染色特性

革兰氏阳性，平直或微弯的细小杆菌，细菌散在或簇集于白细胞中，在慢性猪丹毒心内膜疣状物上，多呈长丝状，不运动，不形成荚膜和芽孢。

2.培养特性

在血琼脂上24～48 h后生成针尖大露滴样圆形小菌落，菌落无色透明，周围可形成狭窄的绿色溶血环。在普通琼脂上生长不佳，明胶穿刺不液化，呈试管刷状生长。

（五）多杀性巴氏杆菌

尽可能采取新鲜病料（心血、肝、脾、淋巴结、骨髓等）制成涂片，在实验中，可用本菌的肉汤培养物注射小白鼠或鸡，死后取肝涂片，自然干燥后，再用瑞氏或碱性美蓝染色，待干后镜检观察。

1.形态染色特性

革兰氏阴性球杆菌，菌体两端钝圆，常单在，有时成双，组织抹片用碱性美蓝或瑞特氏染色，干后镜检观察，本菌呈典型明显的两极着色。

2.培养特性

血琼脂上生长良好，24 h可形成淡灰色、圆形、光滑湿润、边缘整齐露珠样小菌落，不溶血。

实验实训十七　霉菌的形态观察

一、目的要求

学习霉菌的标本制备方法，观察根霉、毛霉、青霉、曲霉、白地霉的形态构造。

二、材料

1. 菌种

白地霉摇瓶培养液；根霉、毛霉、曲霉、青霉平板。

2. 染料

乳酸石炭酸棉蓝染色液。

3. 其他

显微镜、载玻片、盖玻片、接种环、解剖针、培养皿、玻璃棒、滤纸、20%甘油。

三、原理

霉菌菌丝较大，细胞容易收缩变形，孢子容易飞散，在制备霉菌标本时，常用乳酸石炭酸溶液作为介质，具有不使细胞变形，可杀菌防腐，不易干燥，能保持较长时间等优点，若加入棉蓝，又具有一定染色效果。

霉菌的有些结构在制片过程中易被破坏，影响观察，可采用载玻片培养法。此法便于直接显微镜下观察，尤其适用于根霉的假根，曲霉的足细胞及分生孢子链等结构的生长情况的观察，并且还可在同一标本上观察到微生物发育不同阶段的形态。

四、方法

1. 白地霉的观察

取一块干净的载玻片，加一滴白地霉培养液，加盖玻片制成水浸标本片，在显微镜下观察白地霉菌丝及节孢子的形态。

2. 其他霉菌观察

(1)一般观察法　加一滴乳酸石炭酸棉蓝液于洁净的载玻片中央，用解剖针从菌落的边缘处挑取少量带有孢子的菌丝，放入乳酸石炭酸棉蓝液中，再细心地把菌丝挑散开，加盖玻片，注意不要有气泡产生。置于显微镜下观察，菌丝呈蓝色，颜色的深度随菌龄的增加而减弱。

观察根霉时，注意观察其菌丝(无横隔)、假根、孢子囊柄(与假根相对着生)、孢子囊、囊轴、囊托、孢子囊孢子及厚垣孢子。

观察毛霉时，注意观察其菌丝(无横隔)、孢子囊柄、囊轴、孢子囊孢子及厚垣孢子。

观察曲霉时，注意观察其菌丝(有横隔)、足细胞，分生孢子梗、顶囊、小梗(形状、层数及在顶囊上的着生情况)，分生孢子的着生情况。

观察青霉时，注意观察其菌丝(有横隔)，分生孢子梗，带状枝(小梗的轮数及对称性)，分生孢子的着生情况。

(2)载玻片培养法

①湿室准备：在培养皿底部先放一张圆形滤纸，在滤纸上依次放上“Z”型玻璃棒、载玻片和盖玻片(两片)，盖上培养皿盖，用纸包扎好，115℃高压蒸汽灭菌 20 min。

②用接种环挑取少量霉菌孢子，置于湿室中载玻片的中央，用无菌滴管滴加少量冷却至45℃左右的杏氏培养基。

③将镊子在火焰上灼烧灭菌后，取无菌盖玻片盖在培养基上，然后轻轻压一下。用滴管取

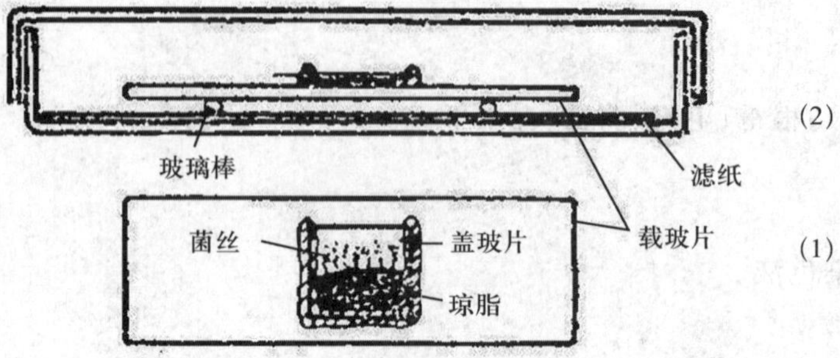

霉菌的载玻片培养

融化的石蜡将盖玻片的三边密封。

④将 3～5mL 20%甘油倒于湿室内，以保持湿度，将培养皿置于 28℃恒温箱中培养 2 d。

⑤将培养好的载玻片取出，置于显微镜下观察。

五、内容

1. 制片观察白地霉菌丝及节孢子的形态构造。
2. 制片观察根霉、毛霉、青霉及曲霉的形态构造。
3. 对根霉、曲霉、青霉作载片培养，观察其形态构造。

六、作业 1. 绘出所观察到的各种霉的形态图，注明各种结构的名称。

2. 列表比较根霉、毛霉、曲霉、青霉形态结构及繁殖方式的异同。
3. 为什么在实验中的一般培养条件下很难观察到霉菌的有性孢子？

实验实训十八　病毒学实验技术

病毒分离培养

一、目的要求

掌握常用的病毒学实验技术和诊断方法。

二、操作步骤

（一）病毒诊断用病料的采集

病毒分离用生物学材料最理想的采集时期是在机体尚未产生抗体之前的疾病急性期。

各种病料，例如血液、鼻咽拭子、粪、尿、脓汁、水泡液、皮肤病变、脊髓液和活体穿刺材料以及剖检时采取的组织，均可用于病毒分离。每个具体疾病需要采取什么样的生物标本，可参考有关疾病的叙述，特别是其诊断部分。

有一些总的规则适用于病毒分离用的组织的正确选择。呼吸道疾病在急性期，通常通过鼻或咽分泌物排出病毒，在痘病的水泡液中或痂皮内也可发现病毒。许多全身性卡他性疾病具有病毒血症期，易于由血液中分离出病毒。实际上急性发病期间，机体的所有分泌物中都含有病毒。与中枢神经系统有关的疾病较特殊，但也可由血液或病死动物的脑内分离病毒。采取组织标本时一个最为重要的注意事项，就是必须在动物死亡后立即进行——必要时可扑杀濒死动物，更有利于病毒分离。同时应采取该动物血液作血清学试验，在冰冻前必须先从全血中分离血清，因为溶血标本经常不能再做某些血清学试验。

各种病毒的生物物理学和生物化学特性明显不同。许多病毒对热及酸敏感，故在采集材料时必须特别注意。尤其是必须采取新鲜材料，应立即置于－70～－60℃下冰冻。此外，在用这些病料接种组织培养物或试验动物分离病毒时，时间要尽量短。如无其他方法，可将组织标本低温冰冻后置－20℃保存，等待取来干冰后再贮藏和送往实验室。将标本放入宽口保温瓶或以泡沫苯乙烯隔热的纸盒内，再用冰填充，也可达到这一目的。如果没有干冰，则可应用50%甘油；某些病毒在此种溶液中能比其他一些病毒存活更久。将小块组织、粪或黏液装入小瓶内，再向瓶内注满50%甘油，于6℃贮存。

组织标本应以无菌器械在无菌条件下采取。如果想要了解组织中的病毒分布，则必须应用分开的器械采取每个组织。经常应用紧盖的灭菌旋帽瓶子贮存可疑的组织和液体。如将液体标本瓶放入干冰内，则应紧盖瓶塞，因干冰的气相就是 CO_2，CO_2 可因改变液体的 pH 使不耐酸的病毒灭活。如果瓶盖漏气，则将其放入密封的塑料袋内也可达到目的。

（二）包涵体的检查

用狂犬病脑切片的内基氏（Negri）小体或其他包涵体标本片示教。若有狂犬病的病料组织，可用清洁的玻片作触片，干燥后置甲醇中固定，以姬姆萨氏染液染 1 h，水洗，干燥，镜检。通常可用塞勒氏染色法检查狂犬病的包涵体。

1. 塞勒氏染液配制

(1)先配好 1%美蓝（即亚甲蓝）的纯甲醇溶液和 1%碱性复红（即碱性一品红）的纯甲醇溶液。两液分别置瓶中塞紧后，低温可长期保存。

(2)用前将两份美蓝液与一份复红液混合，即为塞勒氏染液。用前试验，以神经组织间质染成淡红色为妥，若红色过浅酌情添加复红液，红色过深酌情添加美蓝液。

2. 塞勒氏染色法将新鲜脑组织触片（触片不干也可以）浸于塞勒氏染液 3 秒钟，取出，用普通水冲洗，自然干燥后镜检。

3. 狂犬病包涵体在神经组织的胞质中，嗜酸性，呈樱桃红色。嗜碱性组织与细胞核呈深蓝色，神经细胞质呈蓝紫色，间质呈粉红色，神经纤维呈桃红色，神经鞘不着色（如图）。

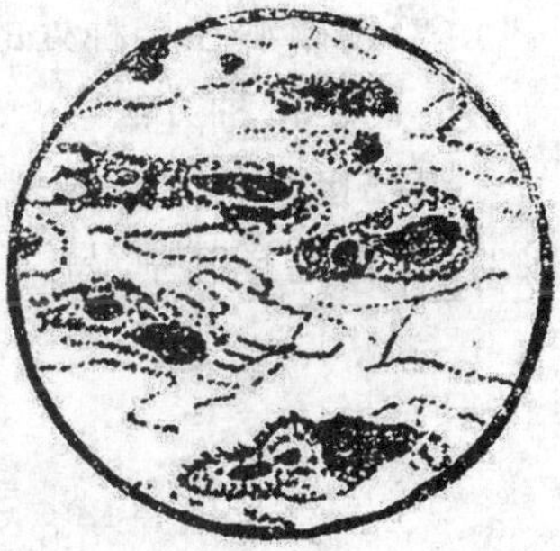

狂犬病包涵体

（三）鸡胚接种

1. 鸡蛋选择和孵化选择健康无病鸡群的新鲜受精蛋

鸡胚对所要接种的病毒应无免疫力，因为其抗体可由母鸡经卵黄传给胚胎。以来航鸡蛋或其他白壳蛋为好，因为白壳蛋照蛋时更易于观察。孵化时以孵卵箱较好，培养细菌的温箱也可以用，但和孵小鸡一样，要求温度、翻蛋和湿度适当，相对湿度为 60%左右，所用温度和孵小鸡相似，最低可用 36℃，一般 37.5℃，高可到 38.5℃，每日翻蛋最少 3 次，开始时将鸡蛋横放，要接种的前两天立放，气室向上，接种前两天特别要注意鸡胚位置，近中央，不要过分偏在一边。接种前两天若发现鸡胚位置过分偏在一边，照蛋后将偏在一边的胚胎朝下放，可以矫正鸡胚趋向中央。

孵化 3～4 天，可用照蛋灯在暗室观察，鸡胚发育处的血管明显可见。没有鸡胚发育也无血管的是未受精蛋。有鸡胚但鸡胚固定一处不动且血管消散呈暗红色者是死胚。活的鸡胚，血管及其主要分枝均明显，呈鲜红色，鸡胚可以活动。实验室接种用的鸡胚最小是6日龄，最大是12、13日龄。此时鸡胚构造如图所示。

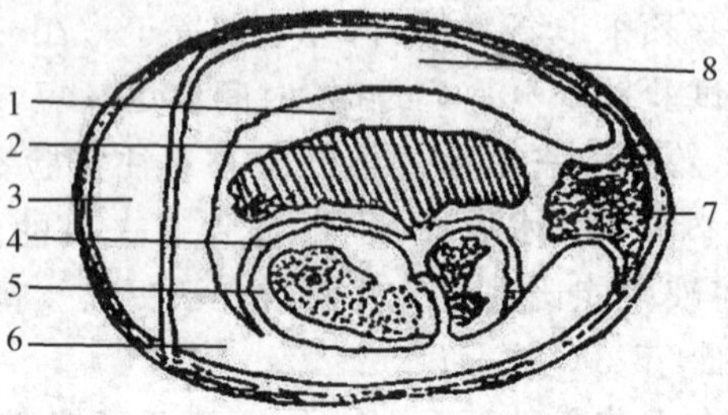

9～10日龄鸡胚构造示意图

1.胚外腔 2.卵黄囊 3.气室 4.羊膜 5.羊膜腔 6.绒毛尿囊膜 7.蛋白 8.绒毛尿囊腔

2.接种前准备

(1)病毒的接种材料应事先经无菌检验，即接种到一管硫羟代乙酸肉汤(或肉汤、熟肉培养基各一管)不生长。要达到材料无菌，可采取以下措施：

①所取材料应无菌，处理(如研磨、离心取上液等)过程中应无细菌污染；

②如所取材料已污染，可在每毫升材料中加青霉素和链霉素各达1 000～5 000 IU(常用1 000～2 000 IU)，置温室中1 h或冰箱中12～24 h，或经滤器除菌。

(2)照蛋，以铅笔画出气室、胚胎的位置，若要做卵黄囊接种或血管注射，还要划出相应的部位。

(3)用碘酒在接种处的蛋壳上消毒，并在该处开孔。

3.鸡胚接种方法

鸡胚接种的方法很多，在此仅列举其中较常用的一些方法。同时，当列举的接种途径有几种时，也仅选择其中最广泛应用的一种。如图所示。

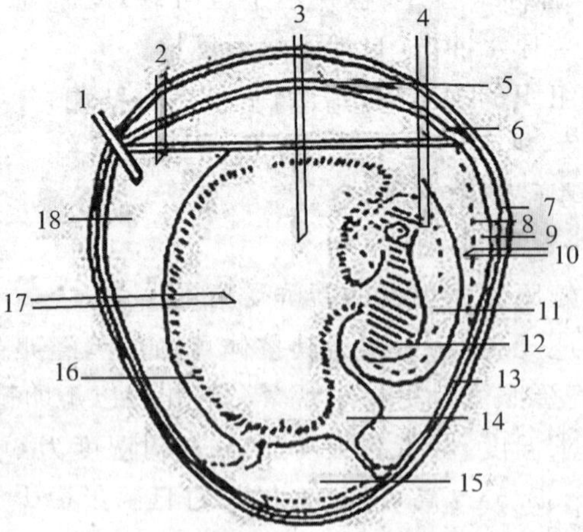

鸡胚接种途径示意图

1、2.尿囊腔途径 3.卵黄囊途径 4.羊膜腔途径 5.绒毛尿囊膜的界线(在其塌落时) 6.膜塌落时的气室底位置 7.内壳膜 8.塌落时的绒毛尿囊膜 9.人工气室 10.绒毛尿囊膜途径 11.羊膜腔 12.胚胎 13.绒毛尿囊膜 14.膜外腔 15.蛋清 16.卵黄囊膜 17.卵黄囊途径 18.绒毛尿囊腔

(1)卵黄囊接种。大型的原生小体性病毒和立克次氏体易在卵黄囊膜内生长。虽然许多较小的病毒也可用卵黄囊途径接种,但这些病毒主要侵害胚胎本身并在胚胎组织内增殖,而不是侵害卵黄囊组织和在其中增殖。

①日龄和准备孵化5~7 d的鸡胚较为适用,因为此时的卵黄囊较大。在检蛋灯上检蛋,并用铅笔画出气室的边缘。气室部分的蛋壳称为壳帽,待碘酊干后,在天然气室的正中处用钻钻一个孔。

②接种和孵育应用装有2.54 cm长的8号针头的注射器,将针头全长穿过壳帽上的孔向下直插(与鸡蛋的长轴平行),并把接种物注入卵黄囊内,通常接种0.2~0.5 mL。随后用石蜡—凡士林混合物封闭蛋壳孔,并将鸡蛋置37℃环境孵育。

③收获时将蛋直立于蛋盘内。用无菌镊子打碎蛋壳,并将壳帽除去。将暴露的膜撕去,并用去掉了嘴的灭菌10 mL吸管吸取卵黄。如需收获卵黄囊膜,可将蛋内容物迅速倾于一个灭菌平皿内,卵黄囊常在操作时破裂。卵黄囊呈深黄色,易于识别。用无菌镊子将卵黄囊与绒毛尿囊膜分开,并与胚胎剥离,迅速移置于一个灭菌平皿内。如欲收获鸡胚胎,可用弯头牙科探针钩住胚胎的颈部取出,并用无菌剪刀剪去附着的膜后移置于灭菌平皿内。

(2)尿囊腔接种流感病毒和新城疫病毒以及引起呼吸道感染的其他多数病毒都易在尿囊壁的内胚层细胞内生长,并释出于尿囊液中。脑脊髓炎病毒和流行性腮腺炎病毒在用这个途径接种时也易增殖。

①日龄和准备取孵化。8~11 d的鸡胚,检蛋,并用铅笔画出气室边缘。将蛋直立,气室向上。在鸡蛋的侧面离气室底上方几毫米、绒毛尿囊膜发育良好处选好一点。用碘酊消毒该点及其周围部分,在蛋壳上用钻钻一个孔或用针穿刺一个孔。

②接种和孵育。取一长1.3 cm的7号针头,接在吸有接种物的小注射器上,通过蛋壳上的钻孔,与鸡蛋长轴平行地或者呈一定角度地将针插入尿囊腔内。每个蛋注射0.2~0.5 mL的接种物。随后用热的石蜡—凡士林混合物封闭蛋壳上的钻孔,37℃孵育。

③尿囊液的收获。为使收获时不致因出血而有血液流到尿囊液内,可在收获前将鸡胚置冰箱内冷藏4~6 h。将鸡胚直立放置并用无菌镊子除去气室上的蛋壳、暴露气室底。气室底由敷覆在绒毛尿囊膜上的内壳膜构成。用一把弯头小剪将这些膜撕去。为了便于采集尿囊液,可置入一把镊子,使其尖端朝向蛋壳,将胚胎挤向一侧。此时即可应用5 mL或10 mL灭菌吸管吸取尿囊液。

(3)绒毛尿囊膜接种

①日龄和准备。取9~11日龄的鸡胚,检蛋,并用铅笔在血管最丰富处的蛋壳上画出一个1 cm^2的区域,应用5%石炭酸消毒蛋壳,待其干燥。不用碘酊消毒,因为酒精溶液可经蛋壳吸收,并在绒毛尿囊膜上产生病变,可能被误认为是由病毒引起的。用钻子沿蛋壳上的铅笔线钻开。切勿弄破内壳膜。随后在天然气室上,象上述卵黄囊接种法那样的钻孔或刺孔。将蛋平放,使钻开一小块蛋壳的一侧向上。用尖头镊子或牙科探针轻轻地将已钻开的蛋壳取去。此时暴露出内壳膜,它的下面就是绒毛尿囊膜。滴上一滴无菌生理盐水,使内壳膜软化。取一长约0.64 cm的7号针头连接在1个1 mL注射器上,使针头尖的斜面以45°接触这个已软化的内壳膜部分,稍稍向下一压,即可因牵引而在内壳膜上造成一个裂缝。必须注意不要损伤下层的绒毛尿囊膜。因为内壳膜的纤维斜向行走,所以应使注射器与鸡卵长轴呈45°,这样向下一压,就可将纤维分离而不撕断。随后用橡皮球在天然气室的钻孔上吸气。也可以在吸气前先在裂缝上滴加一滴灭菌盐水。吸入的盐水可以帮助绒毛尿囊膜与内壳膜分开。当部分鸡蛋内

容物向原来的天然气室部分转移时，绒毛尿囊膜即塌落。绒毛尿囊膜与内壳膜分离和绒毛尿囊膜塌落的证据，就是内壳膜变为透明。

②接种和孵育。用一支连接7号或8号针头的1 mL注射器，小心地将针头经内壳膜的裂缝插入，滴加0.1～0.2 mL接种物于绒毛尿囊膜上。严格的操作应在检蛋灯上进行，以保证接种物确实滴在绒毛尿囊膜上，而不是穿透了绒毛尿囊膜。接种后，将鸡蛋稍行摇动，使接种物均匀扩散于绒毛尿囊膜表面。蛋壳的开口用一小块橡皮膏封闭。继续孵育，使蛋壳窗向上。

另一个接种方法可以不开蛋壳窗，方法如下：在已消毒的蛋壳上选好部位钻孔，达内壳膜。用一6号针头，使针头尖的斜面向下，在钻孔的周围小心地稍稍下压针头，将内壳膜与蛋壳分开。随后将蛋放在检蛋灯上，并在已经钻好的气室孔上吸气。当时即可清楚地见到绒毛尿囊膜的塌落。

③膜组织的收获将蛋平放，蛋壳窗向上。用碘酊棉球消毒蛋壳窗周围，撕去橡皮膏。用灭菌镊子除去周围蛋壳，暴露出绒毛尿囊膜。用镊子将膜夹住，并用剪刀剪下后迅速移置于一个灭菌平皿内。

因为9日龄或10日龄的鸡胚的绒毛尿囊膜牢固地粘连于内壳膜上，所以一个通用的方法是在鸡胚7、8日龄时就使绒毛尿囊膜塌落，随后继续孵育，直至准备接种时为止。接种操作需在检蛋灯上进行，以保证此时绒毛尿囊膜不上升，而且接种物确实是放在绒毛尿囊膜上而不是在尿囊腔内。随后用石蜡—凡士林混合物或橡皮膏封闭蛋壳孔。此后按第一法所述方法进行孵育和收获。

(4)羊膜接种此法主要用于由咽喉洗漱液中分离流感病毒。由于鸡胚在发育过程中吞咽羊水，并将其中所含的病毒携带至呼吸道和肠道组织，病毒主要在这些组织内增殖。脑脊髓炎病毒也可通过羊水腔途径进行分离。

①日龄和准备用7～15日龄的鸡胚，检蛋，确定胚胎位置，随后根据胚胎位置在鸡蛋的侧面、气室上方蛋壳的相应位置上选点并标记。按常法处理后，象卵黄囊接种那样钻孔。

②接种和孵育接种时应用1 mL注射器，连接一个长约1.8 cm的7号针头。将蛋平放于检蛋灯上，插入针头，并缓慢地向胚胎方向刺入。刺破羊膜囊时的一个证据，就是胚胎发生一个突然运动。随后稍将针头回抽，并注入0.1～0.2 mL接种物。蛋壳上的钻孔用石蜡—凡士林混合物封闭，将蛋直立，继续孵育。

③羊水的采集象尿囊腔和卵黄囊收获方法那样除去蛋壳。在气室底上滴加几滴生理盐水，使膜透明。以胚胎的眼睛作为参考依据，用连接一个短的6号针头的注射器吸取羊水。

(5)其他

①静脉内鸡胚接种方法实际上不常用。操作时应用12～14日龄的鸡胚。以检蛋法标记出一根大静脉。如前述方法除去该静脉上方的一小块四方形蛋壳。滴加1小滴灭菌矿物油于内壳膜上，使其变为透明。将一连接在小注射器上的4号针头顺血流方向插入于静脉内。随后注入0.1～0.5 mL的接种物。如前述，孵育并收获。

②脑内培养狂犬病毒是偶尔使用的方法。

(四)组织培养

培养病毒的组织培养技术，都是下列5种基本方法的改良：

1.悬浮细胞培养法是一个古老但现在仍在应用的方法，常用于口蹄疫病毒的培养。

2.血浆凝块培养法应用凝固血浆(经常是鸡血浆)使组织块贴附在玻片或试管壁上。先在玻璃表面涂一层血浆膜，加入胚胎浸出液使其凝固。将组织块置入这一基质内，即能贴附于玻璃表面并增殖。应用这一方法可以看到细胞增殖，并可测量组织块的生长情况。这类培养物中的病毒生长，可根据下列几种方法测知：

①取培养物的液体或细胞作为病毒样品，接种于已知能发生感染的易感动物；②注意其对细胞代谢的影响（亦即对某些代谢路径的抑制）；③观察细胞死亡（坏死）；④检测是否有血凝素存在；⑤对细胞或提纯的液体进行电子显微镜检查。

3. 单层细胞培养静止的试管培养是病毒学中最常用的方法。这些培养物是用胰酶分散的组织制备的（如肾、睾丸、皮肤、肿瘤及其他组织）。这种培养物内含有小的细胞团块和单个细胞。将组织用剪刀剪碎，并用盐水冲洗，除去血细胞和细胞碎屑后将其置于胰酶溶液，并用磁力搅拌装置不断搅拌。当细胞分散时（具体时间随胰酶消化的温度和所用组织而不同），稍予离心沉淀，用营养液冲洗 2～3 次，除去胰酶，用几层纱布过滤后进一步稀释，使每毫升中含有足够量的细胞，以保证良好的生长（细胞的具体数量随细胞种类不同而不同），并分装培养于试管内。

由肾组织制备的细胞悬液能在静置的任何玻璃表面（平皿、试管或玻璃瓶）产生丰盛的单层细胞。这样制备的试管培养物可用于病毒的分离、滴定、中和试验以及研究病毒在细胞内的生长。

4. 直接培养这种培养方法与单层细胞培养相同。在尸体剖检时采取组织或者采取活体组织，用以制备单层细胞培养物，提高病毒分离的机会，特别是在组织内的病毒可能很少或者因存在抗体而使病毒呈不活动状态时。应用的胰酶应尽可能少，因为有些病毒可被胰酶灭活。

5. 器官培养用于接种可疑病毒材料的器官培养物，也可以如前所述那样直接用病变组织制备。

现在最常用的是单层细胞培养，培养病毒以同种动物细胞为佳（即牛的病毒用牛的细胞），以肾细胞较常用，胚胎细胞较幼年动物的细胞好，幼年动物的细胞又较成年动物的细胞好。

细胞培养对玻璃器皿洗涤要求很高，彻底洗净后用蒸馏水冲洗，再用双馏水冲洗，干燥灭菌后备用。所有溶液均用双蒸馏水配制，所用药品试剂要用高质量的分析纯试剂。操作过程中，严格要求无菌。

（五）常用溶液的配制

1. 胰蛋白酶溶液用汉克斯液配制 0.5%

按量将胰蛋白酶加入汉克斯氏液后，置 37℃ 20 min 使其完全溶解，滤器除菌（不能加温，更不能高压），无菌检查合格后置 −20℃ 保存，用前加适量的 3.5% 或 1.4% $NaHCO_3$ 使其 pH 为 7.6～7.8。此液供消化细胞用。

2. 汉克斯（Hank′s）氏液，亦称亨克氏液

原液甲一：

NaCl	160 g
$MgSO_4 \cdot 7H_2O$	2 g
KCl	8 g
$MgCl_2 \cdot 6H_2O$	2 g

按顺序加入到 800 mL 双馏水中，一物溶解后再加另一物。

原液甲二：$CaCl_2$ 2.8 g 溶于 100 mL 双馏水中。

以上两液混合，加双馏水至 1 000 mL，加 2 mL 氯仿防腐，保存于 5℃。

原液乙一：

$NaH_2PO_4 \cdot 12H_2O$	3.04 g
KH_2PO_4	1.20 g
葡萄糖	20 g

按顺序加入到 800 mL 双蒸馏水中。

原液乙二：0.4%酚红液 100 mL(0.4%酚红液是将 0.4 g 酚红置乳钵中，边研磨边徐徐滴入 0.1 N 的 NaOH 11.28 mL，酚红应完全溶解，置于 100 mL 量杯中，最后加双蒸馏水达 100 mL)。

将酚红液与葡萄糖等混合液混合，加双蒸馏水至 1 000 mL，加入 2 mL 氯仿防腐，保存于 5℃。

按下方配成汉克斯氏液，原液甲 1 份、原液乙 1 份、双馏水 18 份，115℃ 10 min 灭菌，此液在 5℃下可保存 1 个月。

用前以 1.4% $NaHCO_3$(115℃ 10 min 灭菌)，无菌操作，校正 pH 到 7.4(根据需要而定)，大约每 20 mL 的汉克斯氏液加入 0.5 mL 碳酸氢钠至 pH 7.4，此时颜色应是黄红色。

3. 厄尔氏液

原液甲：

NaCl	68 g
$NaHCO_3$	22 g
KCl	4 g
葡萄糖	10 g
$NaH_2PO_4 \cdot 2H_2O$	1.4 g
双蒸馏水	1 000 mL

原液乙：

$CaCl_2$	2 g
$MgCl_2 \cdot 6H_2O$	1.7 g
双蒸馏水	500 mL

使用时按以下方法配即成厄尔氏液：原液甲 2 份、原液乙 1 份、双馏水 17 份，滤器过滤，无菌检查合格后，保存 5℃下备用。保存期 1 个月。

4. 供组织培养用的磷酸盐缓冲盐水(简称 PBS)

NaCl	8 g
Na_2HPO_4	1.15 g
KCl	0.2 g
KH_2PO_4	0.2 g
$CaCl_2$	0.1 g
$MgCl_2 \cdot 6H_2O$	0.1 g
双蒸馏水	1 000 mL

滤器过滤，此液 pH 为 7.3，保存于 5℃。当有沉淀发生时，不能供组织培养用。

下列供其他用途的磷酸盐缓冲液，不能用于组织培养，注意区别。

① NaCl	7.65 g
KH_2PO_4	0.21 g
Na_2HPO_4	0.724 g
蒸馏水	1 000 mL

此液 pH 为 7.2。

②NaCl	8.5 g
$NaH_2PO_4 \cdot 2H_2O$	0.22 g

Na_2HPO_4	1.2 g
蒸馏水	1 000 mL

5.乙二胺四乙酸二钠(简称 EDTA 二钠,$C_{10}H_{14}O_6N_2Na_2 \cdot 2H_2O$)溶液

乙二胺四乙酸二钠	0.05 g
Na_2HPO_4	0.288 g
KH_2PO_4	0.55 g
NaCl	2 g
KCl	0.05 g
双蒸馏水	250 mL

9 磅 10 min 灭菌,4℃下保存备用,可代替胰蛋白酶溶液消化传代细胞。

6.5%乳蛋白水解物:将 5 g 乳蛋白水解物加入双馏水 100 mL,待其完全溶解后,装瓶,115℃10 min 灭菌,冷却后置 4℃保存。亦可用汉克斯氏液直接配成 0.5%的溶液便于应用,但不宜长时间保存。

(六)细胞的制备

应用细胞种类很多,以原代猪肾细胞为例。

1.无菌取胚胎或仔猪肾。

2.去肾被膜,切开肾为两半,剪去肾盂及髓质部。

3.以含青霉素各 200 IU/mL 的磷酸盐缓冲盐水洗去血细胞,用剪刀剪成约小米粒大的小块,移至灭菌三角瓶中。

4.再用含抗生素的磷酸盐缓冲液洗 3～4 次至洗液彻底清亮为止。

5.加入 3～4 倍以上体积的 35℃胰酶液,在电磁搅拌器上搅拌消化(如无电磁搅拌器可置 40℃水浴锅中,内加无菌玻璃珠摇动),搅拌(或摇振)时以发生旋涡而不起泡沫为度,至液体明显混浊时(约 10 min),再用吸管或注射器吹打数次,待组织块沉淀后,将上层被消化后的细胞吸出,再加入消化液,将余下组织块再同样消化于 40℃10～20 min,再次吹打,分散细胞,将两次消化液汇合一起,经四层纱布过滤,收集滤液,离心(1 500 转/min,10 min),弃上清液,加入含抗生素的(见前述)汉克斯氏液悬浮,再离心,弃上清液,加入营养液悬浮,再离心。

亦可将组织块在 4℃下消化 16～24 h(所谓冷消化法),搅拌,吹打,收集细胞液,离心,同上所述。

6.末次离心后,弃上液,加入少许营养液悬浮,用计算白血球的方法计算每毫升溶液中细胞数,计数发现细胞太多时可取少许浓细胞液加营养液适当稀释后再计。

$$\text{细胞数/mL} = \frac{4\ \text{大格细胞总数}}{4} \times 10\ 000 \times \text{稀释倍数}$$

7.根据计数结果,以营养液稀释到每毫升含肾细胞 100 万个。有经验的工作人员,可以不计数,稀释细胞到适当的混浊度即可。

营养液:取 10 mL 小牛血清,80 mL 汉克斯氏液和 10 mL 5%乳蛋白水解物配成营养液,加双抗使每毫升营养液中含青霉素、链霉素各 200 IU。青霉素、链霉素事先可配成各 20 000 IU/mL 的溶液。

8.分装于小玻瓶(小型实验室可用空的链霉素瓶,洗净,灭菌)中,链霉素瓶装 1 mL,并以

蜡笔在瓶的上下做记号。

平放静置 37℃孵育两天后，每日检查，至长成单层为度，快则 2～3 d，慢则 6～7 d。如液体混浊说明有细菌生长，当变酸或有霉菌生长时，应废弃。

9. 换液加病毒

长成单层后，吸弃营养液，加入 9 mL 维持液。维持液中血清含量比营养液少一半(抗生素含量同上)。接种含病毒的材料 0.1 mL，放回温箱再培养。

10. 观察及收获病毒每日检查一次，凡有霉菌及细菌生长者弃之。病毒在其中生长，可引起细胞变性，原生质出现颗粒状，核浓缩或裂解，有的还明显的引起细胞溶解，出现空斑。发现有细胞变化或空斑时，即可将液体收集保存，同时做无菌检验。所收集的液体即繁殖的病毒液。有的病毒在细胞培养上生长，但细胞不出现病变，此时应以其他方法检查，如回归动物、END 法、荧光抗体检查法等。

瓶上细胞检查可作为一个标本保存，即吸去内溶液以后，经甲醇固定，姬姆萨液染色，水洗，干燥后保存。

传代细胞比初代细胞易于操作，在玻璃器皿内更易于适应，其性能(如所用的或可用的培养液、细胞的形态、细胞生长速度、细胞的保存等)是知道的，故较原代细胞常用。兽医实验诊断室最好备有传代细胞，以便从事病毒病的微生物学诊断。

(七)病毒的血细胞凝集及血细胞凝集抑制试验

有些病毒能凝集某种动物的红细胞，故可以此来推测材料中有无该病毒的存在。

如有能凝集血细胞的病毒，其凝集性可为相应的抗体抑制，这种抑制具有特异性，故病毒的血细胞凝集抑制试验，可用已知病毒来检查被检血清中的相应抗体，也可用已知血清来鉴定未知病毒。

由于只是一些病毒有血凝性，故血凝或血凝抑制试验只能用于那些有血凝性的病毒。

现以新城疫病毒为例。

1. 需要材料

(1)病毒弱毒的鸡新城疫疫苗，通过鸡胚繁殖后所收获的绒毛尿囊液。

(2)已知阳性血清将弱毒苗初次免疫鸡后，以后每周肌内注射按规定稀释好的疫苗 1 mL，4 次。末次注射后 2 周，心脏采血，分出血清，血凝抑制价可超过 1∶1 280，加硫柳汞后在冰箱中可保存 5 年以上。

(3)被检血清从被检鸡的翅静脉或心脏采血，分出血清。

(4)鸡血细胞采鸡血，抗凝，洗血细胞，配制成 0.5%鸡血细胞生理盐水液。

2. 操作方法

(1)微量红细胞凝集试验(HA)

①用定量稀释器于每排各孔中加 PBS 0.05 mL。

②以稀释器吸取 1∶5 稀释的抗原 0.05 mL 于第 1 孔，反复挤压 3～5 次后，吸 0.05 mL 于第 2 孔，依次倍比稀释至第 11 孔，弃去 0.05 mL。第 12 孔不加抗原作为对照。

③再用带新塑料吸嘴的稀释器吸取 0.5%红细胞悬液依次加各孔，每孔 0.05 mL。

④置微量振荡器上振荡 1 min，或用手轻轻摇振，混匀。

⑤置室温下(18～20℃)作用 30～40 min。

依据血细胞凝集程度判定反应结果，以出现完全凝集的抗原最大稀释度为该抗原的血细胞凝集效价。

各反应成份滴加量见下表。

微量血凝(HA)试验加样表

孔号:	1	2	3	4	5	6	7	8	9	10	11	12
滴度:	1∶2	1∶4	1∶8	1∶16	1∶32	1∶64	1∶128	1∶256	1∶517	1∶1 024	1∶2 048	对照
稀释液	25	25	25	25	25	25	25	25	25	25	25(　)	25
抗原(病毒)	25	25	25	25	25	25	25	25	25	25	25	
红细胞悬液	25	25	25	25	25	25	25	25	25	25	25	25
作用时间与温度			轻轻振荡 1～2 min					静置 30～60 min				
结果	+++	+++	+++	+++	+++	+++	++	—	—	—	—	—

注意:+++为完全凝集　++为部分凝集　—为不凝集

(2)微量红细胞凝集抑制试验(HI)

能凝集红细胞的病毒,其凝集性可为相应的抗体所抑制,这种抑制具有特异性,称为红细胞凝集抑制试验。病毒的血细胞凝集抑制试验,可用已知的血清来鉴定未知病毒(即 α—血细胞凝集抑制试验),也可以用已知的病毒来检查被检血清中的相应抗体(即 β—血细胞凝集抑制试验)。其中以 β—微量法红细胞凝集抑制试验最常用。

β—微量法 HI 试验多在 96 孔微量反应板上进行,具体操作(如下表所示)为:

①用定量稀释器取 PBS 0.05 mL,加入每一排的第 1 孔,8 个血凝单位浓度的抗原 0.05 mL 于第 2 孔,再取浓度为 4 个血凝单位的抗原 0.05 mL 依次加入第 3～12 孔。

②用定量稀释器吸取待检血清 0.05 mL 于第 1 孔中,反复混匀后吸 0.05 mL 于第 2 孔,依次倍比稀释至第 11 孔,最后弃去 0.05 mL,第 12 孔不加血清,作为抗原对照。

③置室温下作用 20 min。

④加 0.05 mL 0.5%红细胞悬液于各孔中,轻轻振荡混匀后,置室温下 30～40 min。

微量血凝抑制(HI)试验加样表

孔号:	1	2	3	4	5	6	7	8	9	10	11	12
被检血清稀释倍数	1∶2	1∶4	1∶8	1∶16	1∶32	1∶64	1∶128	1∶256	1∶512	1∶1 024	红细胞对照	抗原对照
稀释液	25	25	25	25	25	25	25	25	25	25	50	25
被检血清	25	25	25	25	25	25	25	25	25	25	弃去	
稀释液	25	25	25	25	25	25	25	25	25	25	50	25
标准阳性血清	25	25	25	25	25	25	25	25	25	25	弃去	
4 单位病毒	25	25	25	25	25	25	25	25	25	25	—	25
作用时间与温度	振荡 1～2 min,静置 20 min											
红细胞悬液	25	25	25	25	25	25	25	25	25	25	25	25
作用时间与温度	振荡 1～2 min,静置 30～60 min											
结果 1	—	—	—	—	—	—	++	+++	+++	+++	—	+++
结果 2	—	—	—	—	—	—	—	—	—	+++	—	+++

依据血细胞凝集抑制程度判断结果。以完全抑制红细胞凝集的血清最大稀释度为该血清的血细胞凝集抑制效价。如果以 2 为底的负对数($-\log_2$)表示,其血凝抑制效价恰好与反应板上出现完全抑制的最高孔数相一致。

附录　常用玻璃器材的准备

微生物实验室内应用的玻璃器材种类较多，如吸管、试管、烧瓶、培养皿、培养瓶、毛细吸管、载玻片、盖玻片等，在采购时应注意各种玻璃器材的规格和质量，一般要求能耐受多次高热灭菌，且以中性为宜。玻璃器皿用前要经过刷洗处理，使之干燥清洁，有的需要无菌处理。对于每个从事微生物工作的人员应熟悉和掌握各种玻璃器皿用前用后的处理。现将玻璃器皿的种类及其准备列述如下：

一、常用玻璃器皿的种类及要求

1. 用于细菌及血清学试验的试管应较厚，以便加塞时不致破裂。常用的规格有：

(1)(2～3)×65 mm，用于环状沉淀试验；

(2)(11～13)×100 mm，用于血清学反应及生化试验等；

(3)15×150 mm，用于分装 5～10 mL 的培养基及菌种传代等；

(4)25×200 mm，用于特殊试验或装灭菌滴管等。

2. 三角烧瓶底大口小，放置平稳，便于加塞，多用于盛培养基、配制溶液等。常用的规格有 50 mL、100 mL、150 mL、250 mL、500 mL、1 000 mL、2 000 mL、3 000 mL、5 000 mL 等。

3. 培养皿为硬质玻璃双碟，常用于分离培养。盖与底的大小应合适，盖的高度较底稍低，底部平面应特别平整。常用的规格(以皿盖直径计)有：90 mm，75 mm，60 mm 等。

4. 吸管用于吸取少量液体。常用的吸管有两种；一种为无刻度的毛细吸管；另一种为有刻度吸管。管壁有精细的刻度。一般长为 25 cm。常用的容量为：0.2 mL、0.5 mL、1.0 mL、2.0 mL、5.0 mL 及 10 mL。

5. 量筒、量杯用于液体的测量。常用规格为：10 mL、20 mL、25 mL、50 mL、100 mL、200 mL、500 mL、1 000 mL 及 2 000 mL。

6. 烧杯常用的规格为 50～3 000 mL 容量，供盛液体或煮沸用。

7. 载玻片及盖玻片。载玻片供作涂片用，常用的规格为 75 mm×25 mm，厚度为 1～2 mm。另有凹玻片可供作悬滴标本及作血清学试验用。盖玻片为极薄的玻片，用于标本封闭及悬滴标本等。有圆形的，直径 18 mm；方形的 18 mm×18 mm 或 22 mm×22 mm；长方形的 22 mm×36 mm 等数种。

8. 离心管常用规格有 10 mL、15 mL、100 mL 及 250 mL 等，供分离沉淀用。

9. 试剂瓶有磨砂口，有盖，分广口和小口两种，容量自 30～1 000 mL 不等，视需要量选择使用，分棕色、无色两种，为贮藏药品和试剂用，凡避光等药品试剂均宜用棕色瓶。

10. 玻璃缸缸内常颈置石炭酸或来苏儿等清毒剂，以备放置用过的破片、吸管等。

11. 染色缸有方形和圆形两种，可放载玻片 6～10 片，供细菌、血液及组织切片标本染色用。

12. 滴瓶有橡皮帽式管滴和玻塞式，分白色和棕色，容量有 30 mL 和 60 mL 等，供贮存试剂及染色液用。

13. 漏斗分短颈和长颈式两种。漏斗直径大小不等，视需要而定。分装溶液或上垫滤纸或纱布、棉花作过滤杂质用。

14. 注射器有 0.25 mL、0.5 mL、1 mL、2 mL、5 mL、10 mL、20 mL、50 mL 和 100 mL 等。供接种试验动物和采血用。

除上述外，还有发酵管、玻璃棒、酒精灯、玻璃珠以及蒸馏水瓶等玻璃器材。

二、一般玻璃器皿的准备

1. 新购入玻璃器皿的处理

新购玻璃器皿常附有游离碱质，不可直接使用，应先在 2% 盐酸溶液中浸泡数小时，以中和碱性，然后用肥皂水及洗衣粉洗刷玻璃器皿内外，再以清水反复冲洗数次，除去遗留的酸质，最后用蒸馏水冲洗。

2. 用后玻璃器皿的处理

凡被病原微生物污染过的玻璃器皿，在洗涤前必须进行严格的消毒后，再行处理，其方法如下：

(1)一般玻璃器皿(如平皿、试管、烧杯、烧瓶等)均可置高压灭菌器内 121℃20～30 min 灭菌。随即趁热将内容物倒净，用温水冲洗后，再用 5% 肥皂水煮沸 5 min，然后按新购入产品的方法同样处理。

(2)吸管类使用后，投入 2% 来苏儿或 5% 石炭酸溶液内 48 h 消毒，但要在盛来苏儿溶液的玻璃管底部垫一层棉花，以防投入吸管时破损。吸管洗涤时，先浸在 2% 肥皂水中 1～2 h，取出，用清水冲洗以后再用蒸馏水冲洗。

(3)载玻片与盖玻片用过后，可投入 2% 来苏儿或 5% 石炭酸溶液，取出煮沸 20 min，用清水反复冲洗数次，浸入 95% 酒精中备用。

各种玻璃器材若用上述方法处理，尚未达到清洁目的，则可将其浸泡于下述清洁液中过夜，取出后用水反复冲洗数次，最后用蒸馏水冲洗。

附：清洁液的配制方法

重铬酸钾　60 g

硫酸　60 mL

自来水　100 mL

此液可连续使用，直至液体变绿后不再使用。此种清洁液内含有硫酸，腐蚀性很强，使用时应注意对衣服和皮肤的灼损。

凡含油脂如凡士林、石蜡等的玻璃器材，应单独进行消毒及洗涤，以免污染其他玻璃器皿。这种玻璃器材于未洗刷之前须尽量去油，然后用肥皂水煮沸趁热洗刷，再用清水反复冲洗数次，最后用蒸馏水冲洗。

3. 玻璃器皿的干燥玻璃器材洗净后，通常倒置于干燥架上，令其自然干燥，必要时亦可放于干烤箱中 50℃左右烤干，加速其干燥，温度不宜太高，以免玻璃器皿碎裂。干燥后以干净的纱布或毛巾拭去干后的水迹，以备作进一步处理应用。

4. 玻璃器皿包装

玻璃器皿在消毒之前，须包装妥当，以免消毒后又为杂菌所污染。

(1)一般玻璃器材(试管、三角瓶、烧杯等)的包装,用适宜大小的棉塞,将试管或三角烧瓶口塞好,外面再用纸张包扎,烧杯可直接用纸张包扎。

(2)吸管的包装用细铁丝或长针头塞少许棉花于吸管口端,以免使用时将病原微生物吸入口中,同时又可滤过从口中吹出的空气。塞进的棉花大小要适度,太松或太紧对其使用都有影响。最后,每个吸管均需用纸分别包卷,有时也可用报纸每 5～10 支包成一束或装入金属筒内进行干烤灭菌。

(3)培养皿、青霉素瓶、乳钵等包装,用无油质的纸将其单个或数个包成一包,置于金属盒内或仅包裹瓶口部分直接进行灭菌。

棉塞的制作:制作棉塞,最好选择纤维长的新棉花,绝不能用脱脂棉,其制法视试管或瓶口的大小取适量棉花,分成数层。互相重叠,使其纤维纵横交叉,然后折叠卷紧,用两层纱布捆系结实,做成长 4～5 cm 的棉塞。良好的棉塞应上下粗细一样,并且与管口紧接,没有可见空隙。

5. 玻璃器材的灭菌,玻璃器材干燥包装后,均置于干热灭菌器内,调节温度至 160℃维持 1～2 h 进行灭菌,灭菌后的玻璃器材,须在 1 周内用完,过期应重新灭菌,再行使用。必要时,也可将玻璃器材用油纸包装后,用 121℃高压蒸汽灭菌 20～30 min。

三、供组织培养用的玻璃器皿及其他器皿的清洗、包装与消毒

1. 清洗新购置的或用过的玻璃器皿,都必须首先浸泡于粗硫酸(有的实验室用清洁液)中过夜(清洁液的配方是:先将 102 g 铬酸钾与常水 100 mL 相混合,加热使之成为饱和溶液,然后按每 35 mL 饱和溶液加粗制浓硫酸 1 000 mL 即成),次日取出用自来水浸泡 4～6 h 后,再用自来水冲洗 10 次(不得少于 10 次)或用流水冲洗 5 min(清洁液浸泡的应适当延长);最后蒸馏水冲洗 6 次,双蒸馏水冲洗 3 次即可,放入温箱中干燥后即可包装。

2. 包装吸管和移液管首先在管口塞入普通棉花少许(不得过紧或过松),用麻纸包扎后,装入玻璃筒灭菌;培养瓶在塞好软木塞后,外面用牛皮纸包扎;平皿分别用牛皮纸包裹;中试管以 4～6 支用方形牛皮纸包裹在一起,进行灭菌。代用的链霉素小瓶,可直接放入铝饭盒内灭菌。

3. 灭菌包装好的玻璃器皿,均以干热灭菌,100℃维持 2～3 h。灭菌过的器皿,必须在一周内用完,过期应重新灭菌。

4. 翻口橡皮塞的准备,一般经肥皂水煮沸 20 min 后,流水冲洗 10 次,再以蒸馏水冲洗 2 次后,用双蒸馏水浸泡于玻璃缸中备用。使用前煮沸消毒 15 min,亦可取出晾干包装高压灭菌器灭菌后使用。

四、毛细管的制备

取直径 5 mm 长约 10 cm 的中性硬质玻璃,两端各塞以棉花,包扎灭菌后两手持管的两端,将其中段置于喷灯上灼烧,待其赤热熔化时,离开火焰,向两端抽长,即成毛细管。